辽河流域水体沉积物砷分布、吸附、转化特征

林春野　王世亮　何孟常　刘少卿　著

科学出版社

北　京

内 容 简 介

辽河流域内分布着两大主要水系——辽河水系和大辽河水系，是我国东北老工业基地的主要地理区域，过去半个多世纪的工农业活动导致的环境污染问题尤为突出。本书基于近十年对辽河流域水体（辽河水系、大辽河水系、大辽河河口）沉积物砷环境行为的研究，比较系统深入地总结了辽河流域水体沉积物砷的空间和形态分布特征，探讨了水体 pH、共存离子、竞争离子对砷的吸附/解吸的影响，研究了碳源对砷转化的影响，评价了辽河流域水体沉积物砷污染与生态风险。

本书可供高等院校和科研院所从事水体沉积物砷污染研究的学者阅读，也可为流域污染控制和管理提供参考。

图书在版编目（CIP）数据

辽河流域水体沉积物砷分布、吸附、转化特征/林春野等著. —北京：科学出版社, 2016.9

ISBN 978-7-03-050096-0

I. ①辽… II. ①林… III. ①辽河流域–水体–沉积物–砷–河流污染–研究 IV. ①X522

中国版本图书馆 CIP 数据核字(2016)第 233591 号

责任编辑：朱　丽 / 责任校对：张小霞
责任印制：张　伟 / 封面设计：耕者设计工作室

科学出版社 出版
北京东黄城根北街 16 号
邮政编码: 100717
http://www.sciencep.com

北京中石油彩色印刷有限责任公司 印刷
科学出版社发行　各地新华书店经销
*
2016 年 9 月第　一　版　开本：B5 (720×1000)
2016 年 9 月第一次印刷　印张：9 1/2
字数：182 000

定价：68.00 元

(如有印装质量问题，我社负责调换)

前　言

砷是环境中普遍存在的化学元素，广泛分布于大气、水体、土壤、岩石、沉积物和生物体中。人类活动加速了砷元素向陆地表层环境的释放，威胁着全球数百万人的健康，陆地表层环境砷污染问题已成为备受全球关注的环境问题之一。环境中砷的人为来源主要包括各类采矿与冶炼、化石及生物质燃料燃烧、含砷制品的使用等。人类活动排放的砷随大气沉降、污水排放、地表径流等途径进入地表水体，经历吸附/解吸、氧化还原、生物转化与富集等一系列生物地球化学反应与过程，最终积累于沉积物中。因此，沉积物成为人为来源砷的主要汇之一，是研究环境砷污染及生物地球化学过程的重要介质。

辽河流域是我国重要的老工业基地之一，过去半个多世纪大规模的冶炼、化工等工业活动导致了严重的环境污染问题。根据环境保护部 2008 年发布的中国环境状况公报，辽河流域水系在我国七大水系污染程度排序中位居第二位，辽河水系总体为重度污染。37 个地表水国控监测断面中，Ⅱ～Ⅲ类、Ⅳ类、Ⅴ类和劣Ⅴ类水质的断面比例分别为 43.2%、10.8%、5.5%和 40.5%。辽河干流总体为中度污染，大辽河及其支流总体为重度污染。

针对辽河流域水体污染问题，在科技部国家重点基础研究发展计划［重要水系典型污染形成过程及环境行为（2004CB418502）］、科技部国家科技支撑计划［东北规模集约化农区农业面源污染防控技术集成与示范（2012BAD15B05）］、国家自然科学基金面上项目［水体沉积物微量金属区域地球化学基线研究——以辽河流域为例（40971058）］等资助下，系统深入地开展了辽河流域水体沉积物砷污染行为与评价研究。本书是这些研究结果、成果的总结与凝练。

全书包括 9 章内容：第 1 章介绍了陆地表层环境砷含量、来源、迁移转化过程及相关的国内外研究进展；第 2 章介绍了研究区域、样品采集及研究方法；第 3 章重点介绍了辽河流域水体沉积物理化性质及其空间分布特征；第 4 章介绍了辽河流域水体沉积物砷空间分布特征、形态分布特征及其成因；第 5 章分析了辽河流域水体沉积物砷吸附/解吸行为，探讨了 pH、竞争离子、共存离子对砷吸附/解吸的影响；第 6 章介绍了碳源对沉积物砷迁移转化的影响；第 7 章讨论了复合铁铝氢氧化物对砷的吸附/解吸，探讨了 pH、竞争离子、共存离子、微生物对砷吸附/解吸转化的影响；第 8 章开展了辽河流域水体沉积物砷污染评价、生态风险评价；第 9 章对全书内容进行了总结与展望。

参加本研究的老师和学生有林春野、王世亮、何孟常、刘少卿、郭伟、王志刚、王萍、邵晓、江建斌、郭波波、雷凯等。全书由林春野、王世亮等主笔。由于作者才疏学浅且时间紧迫，书中疏漏之处在所难免，恳请读者批评指正。

作　者

2016 年 5 月

目　　录

第1章　绪　　论

砷是一种环境中普遍存在的化学元素，广泛分布于大气、水体、土壤、岩石、沉积物和生物体中。随着环境污染的日益严峻，砷污染的环境问题已经引起全世界的高度关注。砷的丰度在地壳中位居第 20 位，其在地壳中的平均含量仅为 3 mg/kg（Daskalakis and O'Connor，1995；Matschullat，2000；Mandal and Suzuki，2002；Bissen and Frimmel，2003），受环境条件差异的影响，砷在环境中以+5、+3、0、–3 等价态形式存在，在自然环境中，主要以+5 和+3 价存在（Matschullat，2000；Keon et al.，2001；Smedley and Kinniburgh，2002）。在工业和农业生产中砷得到了极其广泛的应用，如制药、畜牧业、电子产品和冶金等（Azcue and Nriagu，1994；Smedley and Kinniburgh，2002）。中国使用砷的历史悠久，在公元前 5 世纪到公元前 3 世纪开始使用含砷矿物烧制砒霜（As_2O_3）；在公元前 222 年开始使用雄黄制药（Lin et al.，1998）。砷的毒性已经众所周知，其在环境中的存在形态决定了其毒性，在各种形态的砷的化合物中，毒性最强的是气态砷化氢（AsH_3）。一般来说，无机砷化合物的毒性通常高于有机砷，无机砷中三价砷化合物的毒性大约是五价砷化合物毒性的 60 倍（Macdonald et al.，1996；Bissen and Frimmel，2003）。Penrose（1974）的研究表明，各种形态砷的毒性由大到小的顺序依次为：H_3As＞As(Ⅲ)＞As(Ⅴ)＞甲基胂酸（MMA）＞二甲基胂酸（DMA）＞三甲基胂氧（TMAO）＞砷胆碱（AsC）＞砷甜菜碱（AsB）。砷污染能够引起多种急慢性砷中毒疾病。砷及砷化合物也已被世界卫生组织（WHO）确认为致癌物，能导致皮肤癌、肺癌、膀胱癌、肝癌等癌症的发生。目前地下水砷污染问题引起国际社会的普遍关注，是当前人类面临的最严重的全球环境问题之一（Matschullat，2000；Bissen and Frimmel，2003）。世界许多国家和地区的居民不同程度地受到砷污染导致的疾病的困扰。目前我国约有 11 个省的部分地区的地下水不同程度地受到砷的污染，污染较为严重的有贵州、内蒙古和山西等地区，这些地区砷污染的地方病问题比较突出。

自然界的排放和人类活动的排放都能导致环境中砷含量的升高。其自然源主要有土壤侵蚀、岩石风化、火山喷发等；人为源主要有采矿、燃煤和冶炼（Chilvers and Peterson，1987；Smedley and Kinniburgh，2002）。不同的燃煤方式和不同地区的煤中砷的含量是有较大差异的，研究发现一吨煤炭含有 0.5～2.0 g 砷；贵州省的煤砷含量可高达 10 mg/kg 以上；而每冶炼一吨铜大约可产生 1.5 kg 的砷。高砷煤燃烧会释放出大量的砷化合物，因此燃煤和冶炼能产生大量的砷污染，引起砷中毒（Martin and Whitfield，1983；Chilvers and Peterson，1987）。大气传输是砷在环境中的主要迁移途径之一，所以煤燃烧不仅能引起环境污染，还能导致居民的慢性砷中毒，如导致皮肤病、消化道及呼吸道疾病的发生（周代兴等，1993；Prosun et al.，2002；Bissen and Frimmel，2003）。

砷污染物进入水体后，与沉积物和悬浮物之间会发生一系列物理化学反应，如吸附/解吸、络合/螯合或溶解/沉淀反应，最终在沉积物中富集。所以，沉积物成为水环境中砷污染物的“汇”（Martin and Whitfield，1983；Daskalakis and O'Connor，1995；Zheng et al.，2008；Blute et al.，2009）。当水体环境条件，如 pH、氧化还原电位等，发生变化时，富集于沉积物中的砷可能发生释放，导致上覆水发生“二次污染”，严重危害水生生物和人类健康。由于沉积物中的砷具有不同的存在形态（Belzile and Tessier，1990；Keon et al.，2001；Filgueiras et al.，2002；Farkas et al.，2007），砷元素在环境中的迁移转化和生物有效性主要是由其存在形态所决定的。因此，沉积环境条件的变化会影响砷的存在形态，反之，沉积物中砷的存在形态的变化又能反映沉积环境条件的变化。所以，开展水体沉积物中砷的赋存形态及其迁移转化规律的研究，对于揭示河流的沉积环境变化、预测环境污染状况、保护水质均具有重要的学术意义和实践价值。美国环境保护署（EPA）在 1998 年指出，沉积物污染已经造成生态和人体健康危机。沉积物已经成为污染物的储存库（曲久辉，2000）。因此，对沉积物污染进行系统的研究是非常重要的工作。

辽河是我国七大江河之一，对辽宁省的经济社会发展有着重要的影响。辽河流域 60%以上的水体遭受严重污染，水环境质量为劣Ⅴ类，各城市河段都未达到水质Ⅴ类标准，许多河段已经丧失使用功能（国家环境保护总局，2004）。国家环境保护总局 2004 年发布的中国环境状况公报显示：辽河在我国七大水系污染程度排序中居第二位。大辽河水系主要包括浑河、太子河、大辽河以及一些城市内河。浑河和太子河是独立的水系，它们在三岔河附近汇集后称为大辽河，由营口流入辽东湾，进而进入渤海。大辽河水系流域面积约为 2.7 万 km^2，河道干流全长约 511 km，流域内辖鞍山、沈阳、本溪、抚顺、铁岭、辽阳和营口七个城市，是我国重要的机械、钢铁、化工和建材产业基地，也是重要的畜牧业和粮食生产基地。2005 年辽宁省原油、原煤、粗钢、生铁及钢材的产量分别是 1.26×10^7 t、6.40×10^7 t、3.05×10^7 t、3.11×10^7 t 和 3.23×10^7 t。另外铅、锌和铜的产量分别是 57610 t、7125 t 和 258156 t（中国有色金属工业协会，2006）。在工业生产过程中产生的砷通过废水排放、大气传输沉降、雨水淋溶与冲刷等形式进入水体，造成水体砷污染，而后经过物理沉淀、化学吸附等过程和作用进入沉积物中，在沉积物中逐渐富集，导致沉积物的砷污染。大量的工业和城市污水未经处理或处理未达标就直接排入江河，造成辽河流域中金属污染严重（贾振邦等，2000；周秀艳等，2004）。

1.1 环境介质砷含量

砷是自然界中200多种矿物的主要成分，包括元素砷、砷化物、硫化物、氧化物、砷酸盐、亚砷酸盐等。由于砷元素的化学特性与硫元素相似，砷元素可取代硫化物中的硫元素，导致硫化物矿物中通常含有较高含量的砷，如FeAsS（含砷黄铁矿）(Baur and Onishi，1969；Fleet and Mumin，1997)。尽管FeAsS被认为只在地壳内部高温条件下形成，然而，Rittle等（1995）发现了沉积物中自生的FeAsS。河流、湖泊和海洋沉积物中的还原区域可形成自生的FeS（黄铁矿），在这些FeS矿物形成过程中，一些溶解态的砷结合到其中。FeS矿物在好氧环境中是不稳定的，可被氧化为Fe的氧化物，释放出大量的SO_4^{2-}，以及与其结合的As元素。许多金属氧化物和氢氧化物也含有较高浓度的砷，这部分砷存在于矿物的结构中或吸附于矿物颗粒的表面（Baur and Onishi，1969；Pichler et al.，1999）。磷酸盐矿物，如磷灰石，可含有高达1000 mg/kg的砷（Boyle and Jonasson，1973）。但是，土壤和沉积物中磷酸盐矿物的含量远低于氧化物矿物的含量，因此，土壤和沉积物总砷含量中，磷酸盐矿物中的砷比例较小。碳酸盐矿物含砷量一般小于10 mg/kg（Boyle and Jonasson，1973）。此外，砷能够取代许多矿物结构中的Si^{4+}、Al^{3+}、Fe^{3+}和Ti^{4+}，因此存在于许多其他造岩矿物中，大部分硅酸盐矿物约含1 mg/kg的砷（Baur and Onishi，1969）。

1.1.1 地壳砷含量

砷在上陆壳中的平均含量为2 mg/kg，在下陆壳中的平均含量为1.3 mg/kg，岩石圈中砷的含量为5 mg/kg（Lindsay，1979）。砷在火成岩中的含量一般较低，通常低于 5 mg/kg；变质岩中砷的含量取决于形成变质岩的火成岩和沉积岩的含量，大多数变质岩中砷含量低于5 mg/kg；而泥页岩中砷含量较高，平均含量约为18 mg/kg；砷在沉积岩中的含量为5～10 mg/kg（Smedley and Kinniburgh，2002）。

1.1.2 沉积物砷含量

世界河流沉积物中砷的平均含量为5 mg/kg（Martin and Whitfield，1983）。Datta和Subramanian（1997）发现恒河沉积物中砷的含量为1.2～2.6 mg/kg，雅鲁藏布江沉积物中砷的含量为1.4～5.9 mg/kg，梅克纳河沉积物中砷的含量为1.3～

5.6 mg/kg。我国河流沉积物中砷的含量见表 1.1，其中，乐安江、黄浦江、铜陵矿区水系、滥木厂水系沉积物中砷含量很高。

表 1.1　中国部分河流沉积物砷含量（mg/kg）

河流	平均含量	标准偏差	最大值	最小值	样品数	参考文献
太子河	10	4.34	19.8	4.6	30	贾振邦等（1993）
长江	19.83	9.27	34.58	6.44	12	马志玮（2007）
乐安江	41.1	33.38	126	15	9	刘文新等（1999b）
香溪河	2.39	0.9	3.2	0.7	8	张晓华等（2002）
铜陵矿区水系	268.8	465.8	1100	14	5	张馨等（2005）
成都市河流	8.9	5.11	21.2	3.8	16	尚英男（2005）
先锋河	30.19	—	50.1	6.3	12	迟海燕等（2006）
黄浦江	73.9	65.5	168.7	18.7	6	丁振华等（2006）
京杭运河	6	1.49	8.2	4.1	8	程永前等（2007）
滥木厂水系	87.4	57.33	250.6	20.9	18	彭景权等（2007）
温榆河	4.3	1.49	6.6	2.6	8	李莲芳等（2007）
大沽河	20.03	—	42.5	2.39	28	迟海燕等（2006）
连云港水系	10.8	3	15.4	5.1	16	贺心然等（2007）
珠江	25	—	34.6	7.6	23	牛红义等（2007）
攀枝花水系	15	2.41	19.2	7.9	63	徐争启等（2007）
淮河	16.5	4	22	8.96	13	朱兰保等（2007）
海河	18.6	8.49	41	11	10	刘成等（2007）

1.1.3　土壤圈砷含量

世界土壤中砷的平均含量为 5 mg/kg（Koljonen，1992）。美国土壤砷的平均含量为 7.4 mg/kg（Shacklette et al.，1974）。我国 A 层土壤砷的平均含量为 11.2 mg/kg（0.01～626 mg/kg），C 层土壤砷的平均含量为 11.5 mg/kg（0.03～4441 mg/kg），石灰（岩）土中砷的平均含量最高，为 29.3 mg/kg；沙土，尤其是母质为花岗岩的沙土中砷的含量最低，而冲积土和富含有机质的土壤中砷的含量较高（国家环境保护局，1990）。

1.1.4　水圈砷含量

砷在降水中的基线浓度通常低于 0.03 μg/L，但是在冶炼、燃煤、火山喷发等大气污染的区域，降水中砷的浓度较高，可达到 0.5 μg/L（Smedley and Kinniburgh，

2002)。河水中砷的基线浓度一般为 0.1～0.8 μg/L，但是受集水区地球化学特征的影响，美国西部和新西兰某些河水中砷的浓度为 10～70 μg/L（Mclaren and Kim，1995；Nimick et al.，1998）。地下水中砷的含量变化很大，但大多数国家地下水中砷的含量都低于 10 μg/L（Welch et al.，2000）。海水中砷的含量一般为 1.5 μg/L，而河口水中砷的含量一般低于 4 μg/L（Smedley and Kinniburgh，2002）。

1.1.5 砷地球化学循环

砷的地球化学循环如图 1.1 所示（Matschullat，2000）。地壳中砷的输出途径包括：①通过陆地火山喷发释放到大气圈；②通过海底火山喷发释放到海水中；③陆壳的风化作用向土壤圈释放砷；④砷矿开采。地壳中砷的输入途径主要为海

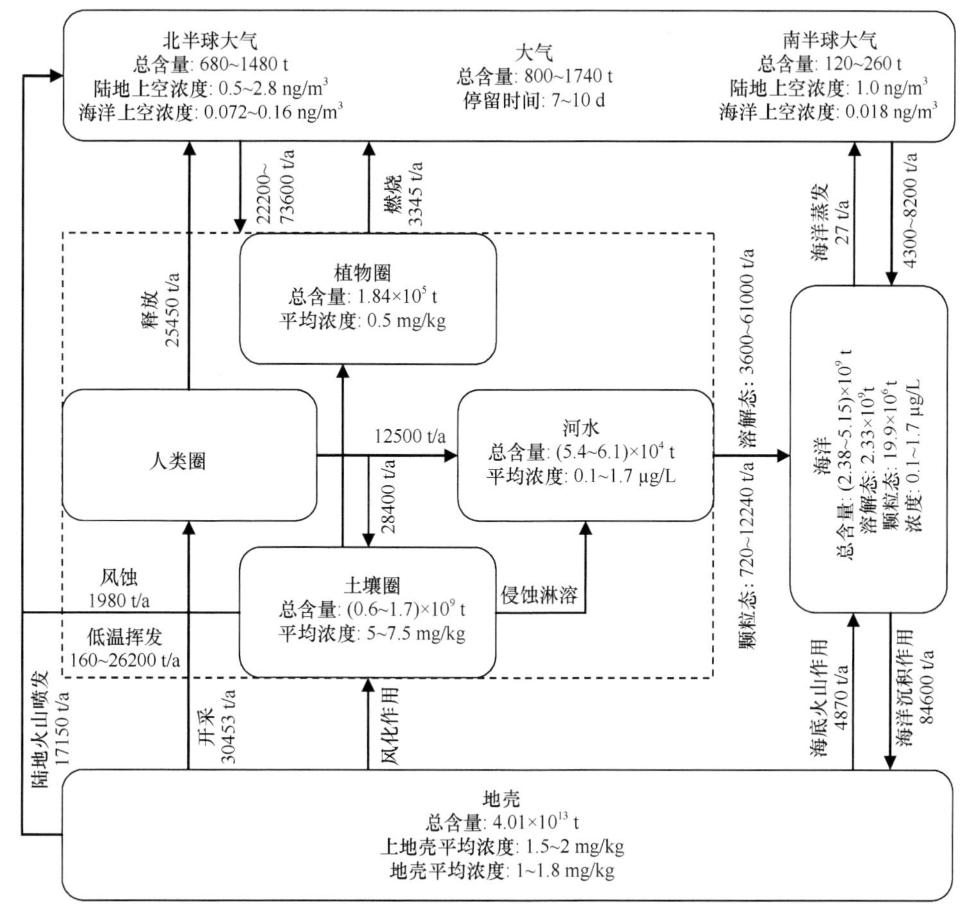

图 1.1 砷地球化学循环

洋沉积作用。土壤圈中砷的输入途径包括：①陆壳风化；②人类活动产生的废物排放、施肥、降水和降尘。土壤圈中砷的输出途径包括：①土壤侵蚀和土壤中砷的淋溶；②低温挥发和土壤风蚀；③植物吸收。河水中砷的输入途径主要为：①土壤侵蚀和土壤中砷的淋溶；②人类活动产生的废水排放；③降水和降尘。河水中砷以溶解态和悬浮态的形式输入海洋。生物圈中砷的输入输出途径为植物从土壤中吸收砷，然后通过植物燃烧释放到大气圈。大气圈中砷的输入途径包括：①陆地火山喷发；②人类活动导致 As 的释放（如冶炼、燃煤、燃油等）；③陆地表面土壤圈中砷的低温挥发和土壤风蚀；④海洋挥发（海洋飞沫）。大气圈中的砷主要通过降水和降尘方式输出到土壤圈和水圈。图 1.1 给出了各圈层中砷的储量、浓度和各圈层之间的通量。

1.2　水环境中砷的地球化学行为

1.2.1　砷的吸附行为

天然沉积物和土壤是一个多相复杂的体系，系统研究天然沉积物和土壤中砷的迁移转化过程和机制，对于系统研究砷的释放机理及开发新的环境修复的方法具有重要的理论意义和实践价值。砷在各类水体中广泛分布，各种天然水体中砷的含量也表现出很大的不同。例如，地下水中砷的含量一般在 0.5～50 μg/L，含水层的深度、酸碱性、氧化还原电位、岩性等对砷的含量都有较大的影响。地表水中砷的平均浓度一般为 2.5～10 μg/L，而且不同地区的水体，其含量差别也很大。

吸附/解吸过程对砷在水-沉积物界面的行为和毒性有重要的影响（Welch et al.，2000）。吸附作用是砷由液相转入固相的重要过程。当砷与土壤或沉积物接触时，由于其中的黏土矿物和某些金属如铁、铝和锰等的氧化物的存在，吸附反应就很容易发生。吸附/解吸过程对于环境中砷的迁移具有重要的影响。对各种金属氧化物，特别是铁铝锰的氧化物或氢氧化物对 As(Ⅲ)和 As(Ⅴ)的吸附已经进行了大量和广泛的研究（Anderson et al.，1976；Förstner and Wittmann，1981；Pierce and Moore，1982；Belzile and Tessier，1990；Sun and Doner，1996；Manning and Goldberg，1997a；Raven et al.，1998；Pichler et al.，1999；Chakraborty et al.，2007）。而沉积物的组成、砷的初始浓度、pH、竞争离子及共存离子的种类和数量等都会对沉积物对砷的吸附产生重要的影响。沉积物中矿物的表面性质及与砷的化合物之间的相互作用对于砷在环境中的迁移转化具有重要意义。环境中的微生物能通过氧化还原作用、吸附解吸作用使得重金属的形态及环境系统中的某些金属阳离子发生迁移（Förstner and Wittmann，1981；Fein et al.，2001；Morin et al.，2003）。砷与矿物表面的相互作用过程如沉淀/溶解作用、离子交换作用及表面络合作用和氧化还原反应使砷的性质发生改变（Scott et al.，1991；Raven et al.，1998；Smedley and Kinniburgh，2002）。

溶液的 pH 对砷与固相表面的吸附/解吸行为有重要的影响。在有机和无机环境条件下，随着 pH 降低，负电荷点位的数量呈减少的趋势；而 As(III)和 As(V)在矿物表面的吸附行为将受到表面电荷性质的极大影响。以前的大量研究表明：在 pH 3～5 范围内，As(V)在铝氢氧化物、赤铁矿和水铁矿上的吸附量达到最大（Anderson et al.，1976；Pierce and Moore，1982；Xu et al.，1988；Smedley and Kinniburgh，2002；Giménez et al.，2007）；而 pH 在 3.5～8.5 范围内，针铁矿、水铁矿、伊利石、高岭土等矿物对 As(III)的吸附随 pH 的上升逐渐增加（Pierce and Moore，1982；Belzile and Tessier，1990；Manning and Goldberg，1997a；Giménez et al.，2007）。

1.2.2 有机物与砷的相互作用

天然有机物（NOM）指的是在水环境中普遍存在的天然的含有多官能团有机酸的复杂混合物。天然有机物在溶解的金属氢氧化物表面具有很高的反应活性，对金属的存在形态、迁移转化及重金属的生物有效性有重要的影响。大量的研究表明天然有机物与砷的相互作用对其在环境中的存在形态及迁移有很大影响（Förstner and Wittmann，1981；Anawar et al.，2003）。一般在砷元素释放量大的沉积物中也都具有高的天然有机物含量。

柠檬酸、腐殖酸等有机酸主要通过竞争活性表面位点影响砷的吸附/解吸行为，从而对砷的溶解性起到抑制或者增强的作用，这些反应的发生主要取决于砷与有机酸官能团之间所形成的键的强弱及表面络合物的类型（Eick et al.，1999）。很多研究发现：天然有机物通过与砷形成络合物或发生氧化还原反应而改变砷的形态（Bradley et al.，1998；McArthur et al.，2004）；在含有金属氢氧化物的体系里，天然有机物能还原 As(V)，也能与 As(V)和 As(III)形成水溶性络合物，从而促进了砷在沉积物和土壤环境中的迁移（Keon et al.，2001；Redman et al.，2002）。

水环境中的天然有机物与砷之间能够发生强烈的作用，从而影响砷的存在形态及生物有效性（Förstner and Wittmann，1981；Bradley et al.，1998；Wang and Mulligan，2006）。大量研究表明：天然有机物主要通过竞争吸附、氧化还原、表面络合反应等反应过程影响砷在水环境中的存在。水溶液的 pH、Eh（电极电势）、砷形态和浓度、沉积物的理化性质、矿物组成及共存离子等因素对天然有机物与砷之间的反应有重要的影响（Anderson et al.，1976；Yong and Mulligan，2004）。

1.2.3 砷的微生物转化

在自然环境中，微生物活动对砷的迁移转化有重要的影响，这已达成共识。一方面，微生物的新陈代谢能加速砷的转化；另一方面，微生物所产生的酶在很大程度上能改变砷的不同形态之间的生物转化。在好氧和厌氧环境中，在微生物的活动下，都能发生砷的生物甲基化过程而产生甲基砷化合物（MMA、DMA 和 TMA）（Brown et al.，1994；Cummings et al.，1999；Bissen and Frimmel，2003）。沉积物环境中，砷主要与羟基氧化铁（FeOOH）结合。研究发现，在好氧条件下未灭菌的样品中砷的滤出量比灭菌条件下的明显高很多，且溶液中砷的富集与铁的还原没有关系；而在厌氧条件下的实验表明生物引发的铁还原性滤出导致结合在羟基氧化铁上砷的滤出（Lovley，1993；Grantham et al.，1997；Newman et al.，1998；Langner and Inskeep，2000；Zobrist et al.，2000；Tadanier et al.，2005）。许多研究认为富砷地下水与铁的还原有关，地下水环境中存在铁还原菌，能够导致 Fe(Ⅲ)的还原（Vandevivere et al.，1994；Ullman et al.，1996；Langner and Inskeep，2000；Tadanier et al.，2005）；厌氧条件下，铁还原菌对砷的还原溶解起到了关键作用（Lovley，1993；Langner and Inskeep，2000；Islam et al.，2004）。所以在厌氧条件下，羟基氧化铁的还原溶解导致与羟基氧化铁结合的砷进入周围水体中（Lovley，1993；Langner and Inskeep，2000；Pedersen et al.，2006）。目前，在所有微生物导致砷与铁的释放理论中，大多数学者认为是 Fe(Ⅲ)还原导致砷的释放。

1.3 水环境砷形态

1.3.1 水中砷形态

不同形态的砷，其迁移性、毒性和化学性质有较大差异，因此研究砷在环境中的存在形态对于探索砷的环境地球化学行为是非常重要的。目前，在自然环境条件下，已经检测出的主要包括 As(Ⅲ)、As(Ⅴ)、甲基胂酸[monomethylarsonic acid，MMA(Ⅴ)；monomethylarsonous acid，MMA(Ⅲ)]、二甲基胂酸[dimethylarsinic acid，DMA(Ⅴ)；dimethyzarsinous acid，DMA(Ⅲ)]及三甲基氧化胂(trimethylarsine oxide，TMAO)(Cullen and Reimer，1989；Lovley，1993；Smedley and Kinniburgh，2002)，有机砷的浓度一般都很低。As(Ⅲ)和 As(Ⅴ)是环境中砷的主要存在形态。在地下

水环境中，水溶态砷主要是 As(Ⅴ)，而在某些地区地下水中，As(Ⅲ)浓度也可能比 As(Ⅴ)高很多。砷在环境中的赋存形态受多方面因素的影响。例如，物理化学作用（如吸附解吸、溶解沉淀、氧化还原）、生物作用（微生物的新陈代谢）和环境因素（如 pH、Eh、溶液组成、共存离子、沉积物矿物组成等）都会对砷的存在形态及迁移转化有潜在的影响。

Eh 和 pH 是影响砷形态的最重要的两个因素。在氧化环境中，pH＜2.24 时，As 主要以 $H_3AsO_4^0$ 形态存在；2.24＜pH＜6.9 时，$H_2AsO_4^-$占主导，pH＞6.9 时为 $HAsO_4^{2-}$。在还原环境中，pH＜9.2，占优势形态的砷是不带电荷的 $As(OH)_3^0$（图 1.2）。砷在淡水中的浓度变化很大，可以相差四个数量级，这主要取决于砷的来源、砷的可给量和当地的地球化学条件。地下水环境中 Eh 和 pH 存在差异，适宜砷积累的地方，砷的浓度较高；适宜砷迁移的地方，砷的浓度较低，这使砷在地下水环境中的浓度范围最广（Smedley and Kinniburgh，2002）。

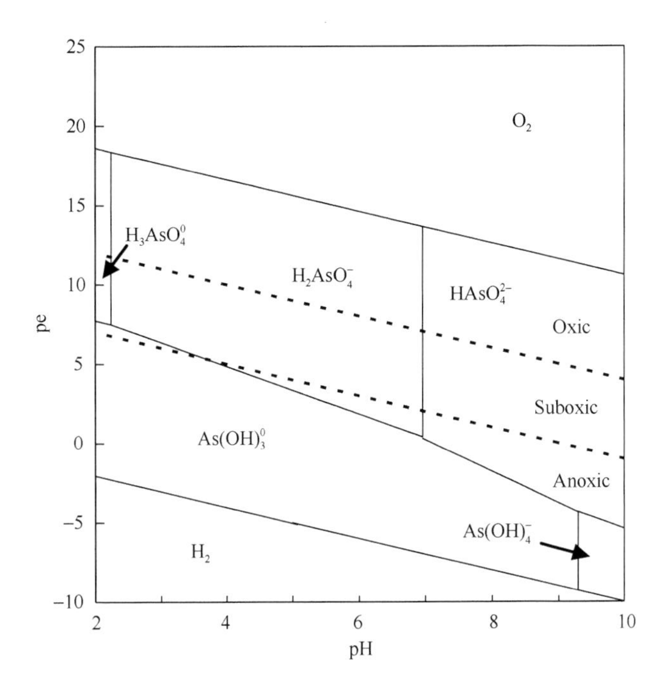

图 1.2 水中砷形态随 pH-pe 的变化

1.3.2 沉积物中砷形态

沉积物中砷的迁移性、生物有效性及毒性主要由其存在形态决定。砷的总量不能科学地表征其污染和危害特征。砷在沉积物中的赋存形态已有大量的研究。

在硫化物存在的环境条件下，As(Ⅲ)与硫化物形成砷的化合物，或者黄铁矿吸附环境中的砷，形成含砷的铁化合物（Belzile and Tessier，1990；Mok and Wai，1994；Blute et al.，2009）。在还原条件下，铁发生还原的同时也会发生As(Ⅴ)的还原，而且还原生成的As(Ⅲ)还能重新被吸附在剩余的Fe的氧化物上（Pierce and Moore，1982；Blute et al.，2009）。在有氧条件下，铁氧化物与As(Ⅴ)形成强的内层络合物以氧化物形式存在（Förstner and Wittmann，1981；Belzile and Tessier，1990；Stumm and Morgan，1996）。在有机物丰富的沉积物环境中，As(Ⅲ)和As(Ⅴ)能与有机物中的氨基基团发生络合（Thanabalasingam and Pickering，1986；Smedley and Kinniburgh，2002）。

环境中砷的污染程度及砷化合物的毒性，主要取决于其存在形态。基于砷结合的矿物相性质的连续化学提取方法是目前应用非常广泛的一种方法，虽然其本身有一些缺点：①连续化学提取本质上是一种操作上的定义；②在提取过程中沉积物可能会发生性质的改变；③对于特殊的元素还缺乏较好的经过检测的提取方法（Matschullat，2000；Keon et al.，2001；Filgueiras et al.，2002）；④在连续提取过程中，已经提取出的砷容易被沉积物中的矿物重新吸附（Wenzel et al.，2001）。

目前对重金属阳离子的连续提取法较多。例如，Tessier等（1979）提出针对沉积物重金属形态的连续提取法，主要是针对金属阳离子。对于含氧阴离子（如砷），针对其在沉积物中存在形态的化学连续提取法的研究较少（Wenzel et al.，2001）。由欧洲共同体提出的BCR（Community Bureau of Reference）提取法，虽然重现性较好，但对于与铁锰氧化物结合的砷而言，该法所测定的砷形态与铁锰氧化物关系不大，这与实际情况差异较大（孙歆等，2006），因此BCR法不适于沉积物或土壤中砷的形态的连续提取。

由于砷与磷的化学性质相似，很多学者将Chang和Jackson在1957年提出的磷的分级方法进行修订后应用于砷的连续提取，分别用NH_4Cl、NH_4F、NaOH、H_2SO_4提取易交换态砷、铝结合态砷、铁结合态砷、钙结合态砷（Woolson et al.，1973；Wenzel et a1.，2001）。

Wenzel等（2001）对连续提取方法进行了改进（表1.2），将沉积物和土壤中的砷分为非专性吸附态砷（弱吸附态砷）、专性吸附态砷、非结晶和贫结晶水合Fe、Al氧化物结合态砷（非晶质铁铝氧化物结合态砷）、晶质铁铝氧化物结合态砷和残渣态砷。土壤和沉积物中的砷主要以非晶质铁铝氧化物结合态和残渣态形式存在（Popovic et al.，2001；Filgueiras et al.，2002；Goh and Lim，2005）。

表 1.2　土壤和沉积物中砷的化学连续提取步骤和反应机理

步骤	提取剂和实验条件	砷的提取形态	反应机理	参考文献
F1	25 mL 0.05 mol/L $(NH_4)_2SO_4$，振荡 4 h，离心	非专性吸附态砷	阴离子交换反应，可能形成 NH_4-As 络合物	Goh and Lim，2005
F2	25 mL 0.05 mol/L $NH_4H_2PO_4$，振荡 16 h，离心	专性吸附态砷	配体交换，形成内层型表面络合物	Keon et al.，2001；Wenzel et al.，2001；Goh and Lim，2005
F3	25 mL 0.2 mol/L 草酸铵（pH 3.25），黑暗下振荡 4h，离心，洗涤	非晶质铁铝氧化物结合态砷	Fe^{3+}还原为 Fe^{2+}，释放包裹的砷	Keon et al.，2001
F4	25 mL 0.2 mol/L 草酸铵和 0.1 mol/L 抗坏血酸，96 ℃水浴 0.5 h，离心，洗涤	晶质铁铝氧化物结合态砷	铁（铝/锰）氧化物进一步溶解，释放包裹的砷	Keon et al.，2001
F5	王水（HNO_3+HCl）	残渣态砷	硫化物和有机物的强烈氧化作用，释放包裹的砷	Keon et al.，2001；Goh and Lim，2005

1.4　沉积物中砷的污染评价

沉积物中砷污染程度的评价，目前主要有两种方式：一是基于总砷含量的评价，二是基于砷存在形态的评价。

1.4.1　总量法

基于总量的生态风险评价的代表性方法主要有：①污染负荷指数法（Tomlison et al.，1980）；②地累积指数法（Müller，1969；Farkas et al.，2007）；③沉积物质量基准法；④回归过量分析法（Hilton，1985）；⑤潜在生态危害指数法（Hakanson，1980）。这些评价方法各有其适用的范围，也各具局限性。方法简介如下。

1. 污染负荷指数法

污染负荷指数法是 Tomlinson 等（1980）基于重金属污染水平的分级研究而开发出来的一种评价方法。该指数由评价区域所包含的多种重金属成分共同构成，它能直观地反映各个重金属元素对污染的贡献程度，以及重金属在时间、空间上的变化趋势，应用比较方便。评价公式为

$$\mathrm{CF}_i = \frac{C_i}{C_{0i}} \tag{1.1}$$

某一点的污染负荷指数（PLI）为

$$\mathrm{PLI} = \sqrt[n]{\mathrm{CF}_1 \times \mathrm{CF}_2 \times \mathrm{CF}_3 \cdots \mathrm{CF}_n} \tag{1.2}$$

某一区域（流域）的污染负荷指数（PLI_{zone}）为

$$\mathrm{PLI_{zone}} = \sqrt[n]{\mathrm{PLI_1} \times \mathrm{PLI_2} \times \mathrm{PLI_3} \cdots \mathrm{PLI}_n} \quad (1.3)$$

式（1.1）中，CF_i为元素 i 的最高污染系数，C_i为元素 i 的实测含量，C_{0i}为元素 i 的评价标准，即背景值；式（1.2）中，PLI 为某一点的污染负荷指数，n 为评价元素的个数；式（1.3）中，$\mathrm{PLI_{zone}}$为流域污染负荷指数，n 为评价点的个数（采样点的个数）。

污染负荷指数一般分为 4 个等级：PLI＜1，无污染；1＜PLI＜2，中等污染；2＜PLI＜3，强污染；PLI≥3，极强污染。

2. 地累积指数法

地累积指数法（index of geoaccumulation）是被欧洲科学家广泛采用的一种评价方法，该方法是由德国海德堡大学沉积物研究所的科学家 Müller 提出的（Audry et al.，2004），在我国曾被部分学者采用过。其计算式为

$$I_{\mathrm{geo}} = \log_2[C_n/(kB_n)] \quad (1.4)$$

式中，I_{geo}为地累积指数，C_n是元素在沉积物中的实测含量，B_n为沉积岩即普通页岩中该元素的地球化学背景值，k 为考虑各地岩石差异可能会引起背景值的变动而取的系数（一般取值为 1.5）。根据 I_{geo}值将污染等级分为 7 级，对应污染程度为无污染至严重污染。

地累积指数法以全球沉积岩的平均含量为标准制订污染等级，侧重单一金属，既未引入生物有效性和相对贡献比例，也没有充分考虑金属形态分布和地理空间异质性的影响（刘文新等，1999a）。地累积指数污染程度分级见表 1.3。

表 1.3　沉积物重金属污染程度与 I_{geo} 的关系

污染程度	无	轻度	偏中度	中度	偏重	重	严重
级别	Ⅰ	Ⅱ	Ⅲ	Ⅳ	Ⅴ	Ⅵ	Ⅶ
I_{geo}	～≤0	0＜～≤1	1＜～≤2	2＜～≤3	3＜～≤4	4＜～≤5	～＞5

3. 沉积物质量基准法

沉积物质量基准是指特定化学物质在沉积物中的实际允许数值，是底栖生物免受特定化学物质致害的保护性临界水平，是底栖生物剂量-效应关系的反映（陈静生和周家义，1992）。目前，世界上只有美国、加拿大、澳大利亚、新西兰、荷兰、英国和我国香港等国家和地区制订了各自的海洋和淡水沉积物的质量基准值。制订沉积物质量基准的方法有很多，其中生物效应数据库法是目前国际上最被认可的方法之一。

生物效应数据库法是将沉积物污染的化学和生物学数据结合起来，如沉积物实验室生物毒性实验数据、现场毒性检测数据、底栖生物群落调查数据和沉积物环境质量评价数据等（Macdonald et al.，1994）。对数据库内的数据进行统计分析时，首先要进行分类，按照各污染物浓度从小到大划分为具有生物效应的“有效应数据列”和无生物效应的“无效应数据列”，在“有效应数据列”中确定第 15 个百分位数的浓度为效应范围低值（effect range-low，ERL），第 50 个百分位数的浓度为效应范围中值（effect range-median，ERM），在“无效应数据列”中确定第 50 个百分位数的浓度为无效应范围中值（no effect range-median，NERM），第 85 个百分位数的浓度为无效应范围高值（no effect range-high，NERH）。取效应范围低值和无效应范围中值的几何平均值为低限效应值（threshold effect level，TEL），即

$$\mathrm{TEL} = \left(\mathrm{ERL} \cdot \mathrm{NERM}\right)^{1/2} \tag{1.5}$$

取效应范围中值和无效应范围高值的几何平均值为可能效应值（probable effect level，PEL），即

$$\mathrm{PEL} = \left(\mathrm{ERM} \cdot \mathrm{NERH}\right)^{1/2} \tag{1.6}$$

重金属含量低于低限效应值 TEL 时不会产生有害生物效应，高于可能效应值 PEL 时会经常产生有害生物效应，介于两者之间时则会偶然产生毒性效应（Grabowski et al.，2001）。

4. 回归过量分析法

按回归过量分析法原理，沉积物中的重金属由三部分组成，即

$$C_{\mathrm{tot}} = C_{\mathrm{b}} + C_{\mathrm{a}} + C_{\mathrm{p}} \tag{1.7}$$

式中，C_{tot} 为重金属总浓度，C_{b} 为重金属背景浓度，C_{a} 为重金属加速侵蚀浓度，C_{p} 为重金属污染浓度。

根据迁移途径可以把重金属 Zn、Cd、Cu 和 Pb 四种元素分为 A、B 两类，Zn 和 Cd 属于 A 类金属；Cu 和 Pb 属于 B 类金属。A 类金属随地表水迁移的某些阶段以溶解态进行，黏土矿物类悬浮物质对 A 类金属的吸附作用较弱。当 A 类金属要沉降到沉积物中时，必须先以弱吸附结合到固体颗粒物上，以固态沉降。B 类金属随地表水迁移的过程中始终与固体颗粒物紧密结合，逐渐随颗粒物沉降到沉积物中。可见，沉积物中 A 类金属未污染部分的含量与黏土矿物含量无显著相关性，B 类金属未污染部分的含量与黏土矿物呈显著正相关。

在正常条件下，Mg 可以作为黏土矿物的标志元素，而且 Mg 只受自然沉积和加速侵蚀的影响，对 B 类金属有下式：

$$C_{\text{tot}} - C_{\text{p}} = \beta C_{\text{Mg}} + \alpha \tag{1.8}$$

式中，α、β 为常数；根据式（1.8），用 C_{p} 为 0 的重金属浓度与 Mg 的浓度进行回归分析，确定斜率 β 和截距 α，这样在污染地区就可以用 β 和 α 推算重金属的未污染浓度 $C_{\text{b}} + C_{\text{a}}$ 和污染浓度 C_{p}，然后对重金属污染进行评价。

5. 潜在生态危害指数法

瑞典科学家 Hakanson（1980）提出了一套应用沉积学原理评价重金属污染的方法，即潜在生态危害指数法。该方法综合考虑重金属的毒性、重金属元素在沉积物中普遍的迁移转化规律、评价区域对重金属污染的敏感性，以及重金属区域背景值的差异，消除了区域差异和异源污染的影响，适合于对大区域污染范围不同源沉积物进行评价比较（冯慕华等，2003），并给出了潜在生态危害程度的定量划分方法，为国内外沉积物质量评价中应用最为广泛的方法之一（丘耀文和朱良生，2004；黄宏等，2004）。

潜在生态风险指数的计算方法如下：

单个重金属污染系数（contamination factor）：

$$C_{\text{f}}^{i} = C^{i} / C_{\text{n}}^{i} \tag{1.9}$$

式中，C^{i} 为 i 重金属的测量值，C_{n}^{i} 为 i 重金属的区域背景值。

沉积物重金属污染程度（metal pollution level）：

$$C_{\text{d}} = \sum_{i=1}^{m} C_{\text{f}}^{i} \tag{1.10}$$

某一区域重金属的潜在生态危害系数（ecological harm coefficient）：

$$E_{\text{r}}^{i} = T_{\text{r}}^{i} C_{\text{f}}^{i} \tag{1.11}$$

式（1.11）中，T_{r}^{i} 为重金属毒性响应系数，用来反映重金属的毒性水平及生物对重金属污染的敏感程度。沉积物中多种重金属的潜在生态危害指数 RI 等于所有重金属潜在生态危害系数的总和，计算公式如下：

$$\text{RI} = \sum_{i=1}^{m} T_{\text{r}}^{i} \frac{C^{i}}{C_{\text{n}}^{i}} \tag{1.12}$$

根据计算的 E_{r}^{i} 值和 RI 值的大小来判定沉积物重金属污染的程度，但由于地区评价项目不同，因此评价的量值也有所不同。

1.4.2 形态法

大量的研究表明，重金属元素在环境中的迁移性、生物有效性和其毒性主要由其在环境中的存在形态所决定。基于总量的评价难以区分沉积物中重金属元素的污染来源，也难以反映其迁移活性与生物有效性，所以仅能一般性地了解其污染的状况和程度，难以真正了解其生态风险。因此，在考虑重金属的生态风险时，必须对重金属的存在形态加以考虑。目前，基于形态学的生态风险评价方法主要有：①次生相和原生相分布比值法；②次生相富集系数法。Hakanson 等（1980）根据沉积物地球化学相自身的起源和重金属的来源，把沉积物划分为次生相和原生相，并提出了其分布比值法，即用存在于各次生相中与原生相中重金属的质量分数的比值来对沉积物中重金属的来源和污染水平进行评价。由于沉积物组成的区域差异，相分布比值难以在大范围沉积物的区域范围内应用，为了消除区域差异的影响，霍文毅等（1997）引出了次生相富集系数法。各方法简介如下。

1. 次生相与原生相分布比值法

在未受污染的条件下，大部分重金属分布于矿物晶格中和存在于作为颗粒物包裹膜的铁/锰氧化物中；而在污染条件下，人为源的重金属主要以被吸附的形态存在于颗粒物表面或与颗粒物中的有机质结合，存在于各种弱结合相碳酸盐相、有机质相等中（陈静生和周家义，1992）。Hakanson 等（1980）根据地球化学相自身的起源和其中重金属的来源，按传统地球化学观念，把沉积物划分为原生相和次生相，并提出了次生相与原生相分布比值法，即用存在于各次生相中重金属的总质量分数与存在于原生相中重金属的质量分数的比值来反映和评价沉积物中重金属的来源和污染水平。其公式为

$$\mathrm{RSP} = M_{\mathrm{sec}} / M_{\mathrm{prim}} \tag{1.13}$$

式中，RSP 为污染程度，M_{sec} 为沉积物中次生相重金属含量，M_{prim} 为原生相重金属含量。

2. 次生相富集系数法

由于颗粒物组成的区域差异，相分布比值法难以应用于具有异源沉积物的大范围区域。为消除区域条件差异的影响，引出次生相富集系数法（霍文毅等，1997）。

$$K_{\mathrm{PEF}} = \left(M_{\mathrm{sec(a)}} / M_{\mathrm{prim(a)}}\right) \Big/ \left(M_{\mathrm{sec(b)}} / M_{\mathrm{prim(b)}}\right) \tag{1.14}$$

式中，K_{PEF} 为重金属在次生相中的富集系数，$M_{\mathrm{sec(a)}}$ 为某沉积物样品次生相中重金属的含量，$M_{\mathrm{prim(a)}}$ 为某沉积物样品原生相中重金属的含量，$M_{\mathrm{sec(b)}}$ 为未受污染参照点沉积物样品次生相中重金属的含量，$M_{\mathrm{prim(b)}}$ 为未受污染参照点沉积物样品原生相中重金属的含量。

第2章 研 究 方 法

2.1 研究区概况

辽河流域所在的地区为温带半干旱半湿润的季风气候。年均温为 4～9℃，1 月份气温最低，7 月份最高；低温多为–9～–18℃；高温为 21～28℃。辽河流域属洪水频发地区，降雨主要集中在 7～8 月份。辽河流域的上游地区多为黄白土和风沙土，山丘多，植被覆盖率低，水土流失严重，是东北地区风沙干旱较为严重的地区。该流域水资源地区分布很不均衡，中下游地区地表水量少，地下水量非常有限，再加上工农业等用水过于集中，因此，水资源十分紧张。

辽河流域覆盖内蒙古、河北、吉林、辽宁四省（自治区），流域面积约为 21.9 万 km^2。辽河流域包括辽河水系（东、西辽河）和大辽河水系（浑河、太子河和大辽河）。东、西辽河于福德店汇流后为辽河干流，经双台子河由盘山入海；浑河和太子河于三岔河汇合后经大辽河入渤海，河流全长为 511 km，流域面积约为 2.7 万 km^2（柴宁，2006）。辽河流域水体是本研究的对象。辽河中、下游地区是我国重要的工业基地，也是东北地区最发达的重工业地区，有包括沈阳、辽阳、本溪、营口、鞍山、铁岭和盘锦的中部城市群，自 20 世纪 70 年代以来，该地区工业的快速发展对大辽河水系生态环境造成了严重的污染；大辽河水系接纳了辽宁省 63.9%的污染负荷（杨维，2001；杜秋根，2004；刘娟等，2008；）。浑河超Ⅴ类水体河段达 230 km（占总长的 57%），太子河超Ⅴ类水体河段达到 154 km（占总长的 37%），大辽河干流全部为超Ⅴ类水体，且枯水期污染较重（贾玉霞和鞠复华，1999）。城市纳污河流细河位于沈阳市境内，接纳沈阳城市和工业废水历史长达 40 年。细河源于铁西区卫工河南端，全长 78.2 km，在辽中县黄腊坨子村汇入浑河。细河的纳污量是 60 m^3/d，细河污染相当严重，细河底泥化学需氧量（COD）、氨氮和重金属污染严重超标（逄守杰，2003；台培东等，2003），这些对大辽河水系及生态环境造成了严重的威胁。

大辽河水系通过大辽河河口入渤海，有大面积的浅水资源和广阔的滩涂湿地，蕴藏着海洋渔业、盐业、油气、交通、旅游等丰富的资源，是辽宁省向海洋发展的重要基地，也是我国及世界著名的河口湿地资源（刘娟等，2008）。近年来，随着东北老工业基地工农业的快速发展，大辽河水系及河口水环境污染的状况日益严重（杜秋根，2004）。

2.2 样品采集、处理与分析

2.2.1 样品采集与处理

本研究采集了辽河流域88个河流表层沉积物样品、35个河口沉积物样品（图2.1，图2.2）。采用抓斗采样器（Van Veen bodemhappe 2 L）采集表层沉积物，在实验室冷冻干燥、碾碎、过2 mm孔径筛，储存于棕色玻璃瓶中备用。

鉴于大辽河水系污染较重，对大辽河水系的28个沉积物样品开展了砷形态与吸附/解吸特征研究。大辽河水系的28个沉积物样品分别采自浑河（H）、浑河支流（HB）、太子河（T）、太子河支流（TB）、大辽河（D）及大辽河支流（DB），大辽河水系采样点位样品编号与描述见表2.1。

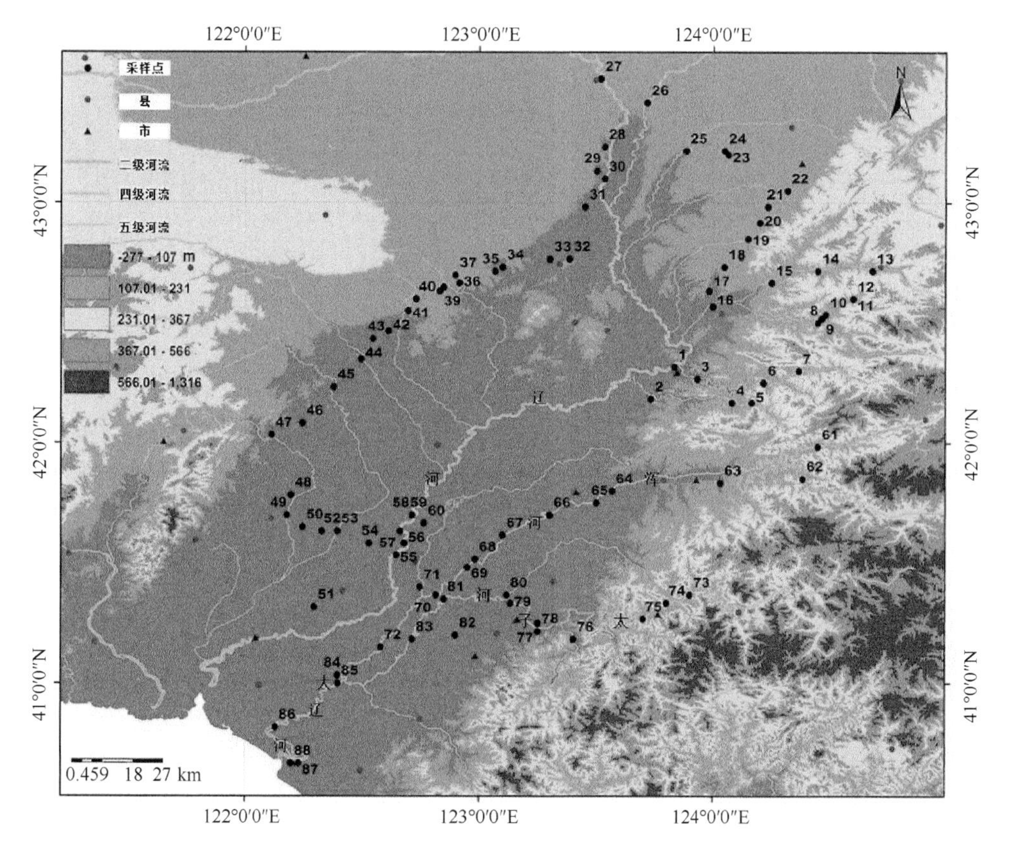

图2.1 辽河流域河流水系沉积物采样点位示意图

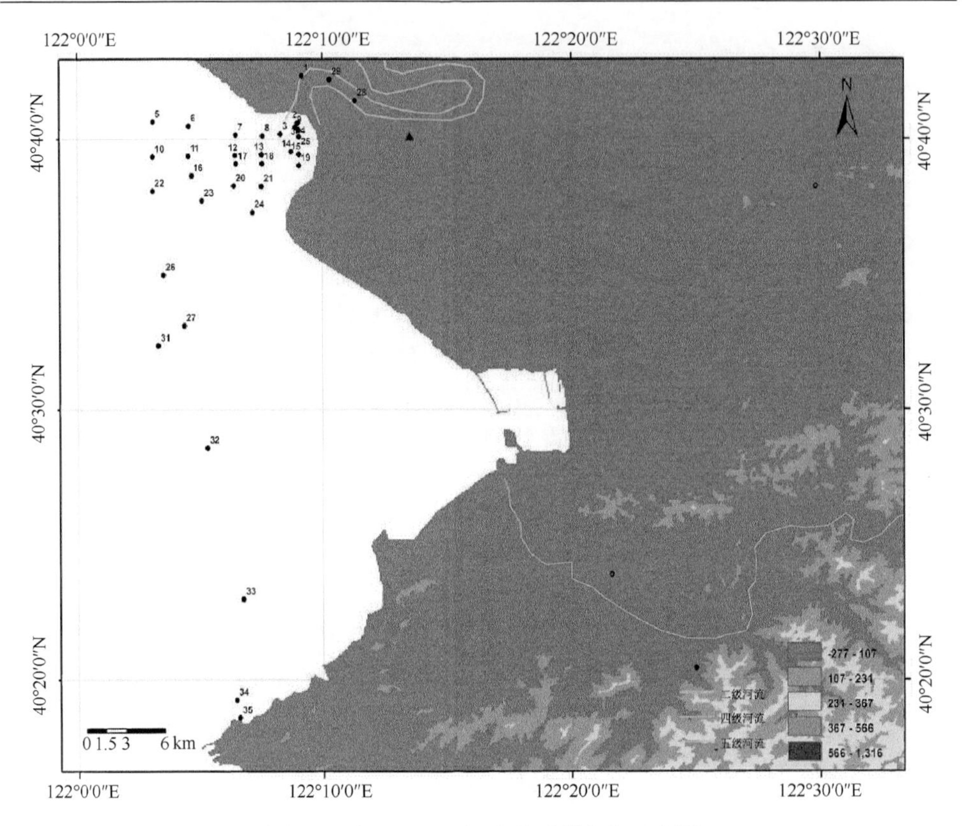

图 2.2　大辽河河口沉积物采样点位示意图

表 2.1　大辽河水系沉积物采样点及其环境特征描述

样品编码	样品名称	采样点地理环境描述
61	H1	周围农田较多，植被较为丰富；沉积物呈现砂质，表层有黑色黏土
64	H2	东陵大桥：沉积物呈砂质性状，位于沈阳与抚顺之间
65	H3	长青桥东北坡：植被丰富，水较清澈
66	H4	浑河大闸：附近多农田，水浑浊，水流急
67	H5	王纲大桥：沉积物砂质明显，植被少，水质差
69	H6	黄腊坨大桥：沉积物呈砂质，水质较差，附近有采油活动
70	H7	北道沟浑河桥：沉积物呈黑色，水质浑浊，岸边多农田
72	H8	对坨子桥：沉积物呈砂质，水质较差，周围农田多，有捕鱼活动
62	HB1	鼓楼河西：沉积物呈砂质
63	HB2	东洲区：沉积物呈黑色，分布有抚顺石油二厂和生活排污河道
68	HB3	细河：沉积物呈黑色，水质差，接纳了沈阳工农业废水和生活污水
71	HB4	蒲河桥：水质黄，岸边植被茂盛，接纳了来自辽中的工农业废水和生活污水
73	T1	本溪三家子桥：水质较好，水流急，植被丰富，附近有煤矿，多农田

续表

样品编码	样品名称	采样点地理环境描述
74	T2	本溪大峪威宁大桥：水生植物茂盛，水质差，水流缓慢
75	T3	本溪兴安段：沉积物呈黑色，水质差，沿江分布有本溪水泥厂、钢铁厂、储煤厂、油库等工业
77	T4	辽阳曙光镇鹅眉村：水流急，生活垃圾较多，周围多村庄和果园
79	T5	辽阳段下王家：水质较好，水流缓慢
81	T6	北沙桥：水质较好，岸边呈砂质
83	T7	唐马桥：水质浑浊，岸边多农田，分布有钢铁企业
76	TB1	弓长岭区小屯镇：水质差，水流快，多农田芦苇，接纳来自铁矿和水泥厂的工业废水及生活污水
78	TB2	庆阳化工厂污水排放点：水质差，有异味，沉积物呈黑色，周围植被好，有油状漂浮物
80	TB3	沙河桥：水质差，沉积物呈黑色
82	TB4	刘二堡桥：水质差，周围多农田，接纳了鞍山工业废水和生活废水
85	D1	三岔河大桥：岸边多农田，养殖业发达，沉积物含黏粒多
86	D2	田庄台大桥：岸边多农田，大气污染物排放多
87	D3	有海水涨潮回灌现象，水质差，沉积物呈黑色，附近有有机化工厂、造纸厂等，航运发达
88	D4	营口渡口：沉积物呈黑色，水质差，航运发达
84	DB1	后夏家桥：水质浑浊，养殖业发达，岸边多农田

2.2.2 样品理化性质测定

1. 沉积物粒径分析

采用国际标准划分的分析方法进行沉积物粒径的分析，将沉积物依次划分为黏粒（＜0.002 mm）、粉砂粒（0.002～0.02 mm）、细砂（0.02～0.2 mm）、粗砂（0.2～2 mm）、砂砾石（＞2 mm）。把50～200 mg沉积物样品放入600 mL蒸馏水，加入分散剂（20%的$NaPO_3$）后在超声波作用下充分分散，然后用激光粒度分析仪（Shimadzu，SALD-3001）进行测定，测量范围：0.269～200 μm。

2. pH测定

准确称取过100目筛的沉积物样品10 g放入50 mL高型烧杯中，加入不含二氧化碳的水或0.01 mol/L $CaCl_2$溶液25 mL，用玻璃棒剧烈搅动1～2 min，然后用封口膜密封烧杯，静置30 min，最后用pH计测定。而水样pH的测定是直接将电极浸入水样中进行测定，此外采用水质监测仪测定氧化还原电位等值。

3. 沉积物有机碳含量测定

沉积物中的总有机碳含量用总有机碳仪（high TOC Ⅱ，Germany Elementar，

1g 误差为 1%）测定。

4. 碳酸钙含量测定

采用稀盐酸滴定法，通过测定一定量沉积物产生的二氧化碳气体体积，测定沉积物中碳酸钙含量。

2.2.3　重金属总量及形态测定

1. 沉积物样品中重金属含量的测定

铁、铝、钙、钠、钾、镁、锰、钛、钪含量的测定：称取 0.25 g 沉积物样品放于 50 mL 聚四氟乙烯烧杯中，用少许水润湿，加入 5 mL 硝酸、10 mL 氢氟酸、2 mL 高氯酸；然后将聚四氟乙烯烧杯放在 200 ℃的电热板上蒸发至高氯酸冒烟约 3 min，取下冷却；再依次加入 5 mL 硝酸、10 mL 氢氟酸、2 mL 高氯酸，在电热板上再加热 10 min，然后关闭电源，放置过夜后，再次加热至高氯酸烟冒尽；然后趁热加入王水 8 mL，在电热板上继续加热至溶液剩余 2～3 mL，用约 10 mL 去离子水冲洗杯壁，再微热 5～10 min 至溶液清亮，取下冷却；将溶液转入 25 mL 有刻度值、带塞的聚乙烯试管中。

砷含量的测定：把准确称取的 0.25 g 沉积物样品置于 25 mL 聚乙烯试管中，向其中加入少许水，然后再加入 10 mL 王水后摇匀。置于沸水浴中加热约 1 h，期间摇动 1 次，取出冷却，然后再加入 1% $KMnO_4$ 溶液 1 mL，继续摇匀，然后再放置 30 min，用 1%草酸溶液稀释至刻度，摇匀，放置澄清待测定用。分取 5 mL 清液于 50 mL 烧杯中，加入 1 mL 50%的 HCl（浓盐酸与水等体积混合），1 mL 10%硫脲–10%抗坏血酸混合溶液，摇匀，放置 30 min 后，用氢化物发生-原子荧光光谱仪（HG-AFS，北京海光仪器有限公司）进行测定。

2. 砷形态测定

本研究采用 Wenzel 等（2001）提出的五步提取法（表 1.2），对大辽河水系及河口所有的表层沉积物样品进行分级提取，所有样品都做平行测定。提取步骤共有五步，具体如下：

（1）非专性吸附态砷（F1）。将准确称取的 1.0 g 沉积物样品放入 50 mL 聚丙烯离心管中，然后加入 25 mL 0.05 mol/L $(NH_4)_2SO_4$ 溶液，在摇床上振荡 4 h，振荡完毕后在转速为 10000 r/min 的离心机中（11950 RCF）离心 10 min，后用 0.45 μm 滤膜过滤上清液，用 HG-AFS 测量滤液中砷的浓度。残留样品进入下一步分级实验。

（2）专性吸附态砷（F2）。在步骤（1）的残留样品中加入 0.05 mol/L $NH_4H_2PO_4$

溶液 25mL，在摇床上振荡 16 h，离心、过滤条件同上。残留样品进入下一级提取。

（3）非晶质铁铝氧化物结合态砷（F3）。在步骤（2）的残留样品中加入 0.2 mol/L 草酸铵（pH 为 3.25）溶液 25 mL。在避光条件下振荡 4 h，然后离心、过滤（条件同上），上清液倒入 25 mL 比色管中，用 12.5 mL 0.2 mol/L 草酸铵（pH 为 3.25）洗涤样品一次，然后离心、过滤（条件同上），将滤液跟上述上清液混合，用 HG-AFS 测量溶液中砷的浓度。残留样品进入下一级提取。

（4）晶质铁铝氧化物结合态砷（F4）。在步骤（3）的残留样品中加入 0.2 mol/L 草酸铵和 0.1 mol/L 抗坏血酸（pH 为 3.25）的混合溶液 25 mL，然后置于 96 ℃水浴锅中加热 0.5 h，水浴过程中要不断振荡，使样品受热均衡。水浴结束后取出比色管，冷却至室温，然后离心、过滤、洗涤（同上）。残留样品进入下一级提取。

（5）残渣态砷（F5）。将步骤（4）的残留样品置于 105 ℃的烘箱中烘 72 h 后取出，冷却到室温后用研钵进行充分研磨；然后按测总砷的方法进行残渣态砷的测定。

上述连续提取方法的每个步骤后，上清液中砷的含量都采用 HG-AFS 来测定。

本研究中残渣态重金属含量直接用重金属总量减去前四种形态的含量得到。

系统空白试验：系统空白在进行分级提取实验时，一份空白样品容器中不加入沉积物样品也将进行与样品相同的操作流程，最后与提取样品得到的溶液一样，测定每步提取得到的溶液中各种重金属的含量。

3. 分析质量控制

用电感耦合等离子体光学发射光谱仪（ICP-OES，IRIS Instrepid Ⅱ型；生产厂家：美国热电公司）测定沉积物中的 Fe、Al、Ca、K、Mg、Na、Mn；分别用中国地质科学院地球物理地球化学勘查研究所实验工厂生产的 HG-AFS 光谱仪（XGY-1011A 型）和冷蒸气-原子荧光光谱仪（XGY-1011A 型）测定 As。

本研究所涉及的各元素的标准溶液都从国家标准物质研究中心购买，所有元素仪器分析的相对偏差均小于 15%（表 2.2）。根据仪器本身的测试上限和样品中重金属浓度含量范围确定所需标准溶液浓度，各标准相关系数均达到 0.999 以上。本研究测定金属元素所用仪器的检测限如表 2.2 所示。利用加拿大矿物与能源研究中心提供的标准物质（SO-2 和 SO-3）来确定各种金属的回收率。

在实验室进行沉积物砷形态连续提取分析方法的回收率试验。砷的回收率平均值为 95.62%，标准偏差为 10.57%（n=25）。

表 2.2 沉积物元素分析质量控制

项目	分析方法	检测限	单位	回收率（%，*n*=8）	重复样分析相对偏差（%）
As	AFS	1	μg/g	96.30±5.86	4.79
Al	ICP-OES	0.05	%	100.07±3.19	3.84
Fe	ICP-OES	0.03	%	102.43±3.90	2.28
Ca	ICP-OES	0.04	%	103.16±5.38	1.82
K	ICP-OES	0.04	%	103.70±5.51	1.59
Na	ICP-OES	0.04	%	100.28±2.58	2.41
Mg	ICP-OES	0.03	%	97.52±8.91	1.49
Mn	ICP-OES	10	μg/g	100.40±3.06	2.08

2.3 室内模拟实验

2.3.1 沉积物对砷的吸附实验

为探讨不同环境条件下沉积物对砷的吸附/解吸规律，设计了此实验。称取过 100 目筛的沉积物 1 g，置于 50 mL 的聚丙烯离心管中，加入 20 mL 以 0.004 mol/L NaCl 为背景溶液的砷标准溶液，在 25 ℃、pH 为 6 的条件下置于恒温振荡器中反应 72 h。将反应后的溶液离心，过 0.45 μm 的滤膜，然后分析上清液中砷的浓度。在上述条件下，研究了吸附动力学、吸附热力学、pH 及共存离子（Ca^{2+}和 Na^{+}）对沉积物对砷吸附的影响。此外，本研究还对不同 pH 条件下，磷酸盐对砷解吸的影响进行了研究。上述实验中所有溶液的 pH 分别用 HCl 和 NaOH 来进行调节。具体实验细节如表 2.3 所示。

表 2.3 砷吸附实验方案

实验条件	pH	砷的初始浓度（mg/L）	平衡时间（h）
动力学实验	6.0	20.0	0.5～72
热力学实验	6.0	0～40.0	72
pH 的影响	3.0～12.0	1.0	72
共存离子的影响（Ca^{2+}、Na^{+}）	3.0～12.0	1.0	72
竞争离子的影响（PO_4^{3-}）	3.0～12.0		72

共存离子实验中，Ca^{2+}和 Na^{+}的浓度分别为 100 mmol/L、10 mmol/L 和 1 mmol/L。对磷酸盐的竞争吸附实验分两步完成，首先是砷的吸附实验，20 mL 的 2.0 mg/L 的砷标准溶液与 1.0 g 沉积物反应 72 h，反应完后，取其中 10 mL 上清液进行砷浓度的测定；向上述溶液中加入 10 mL 的 19 g/L 的磷酸盐溶液（使 P：

As 的摩尔比为 7500∶1）再反应 72 h，然后测定反应后溶液中砷的浓度，通过对上述两溶液中砷浓度的对比计算，即可得到砷的解吸量。

上述吸附等温实验选取了大辽河水系的 H1、H3、H4、H7、HB3、T1、T3、T6、D1、D2、D3 点沉积物和大辽河河口的 8、10、19、28、31、33 点沉积物；吸附动力学实验选取大辽河水系的 H4、T6 和 D1 点沉积物进行实验。以 D2 点沉积物为例，进行 pH、共存离子、竞争吸附及吸附后砷存在形态的（河口地区选 28 点为例）分析实验。

2.3.2 不同碳源对沉积物中砷迁移转化的影响实验

为探讨不同碳源对沉积物中砷迁移转化的影响而设计了该实验，实验选取大辽河沉积物中含 As 较多的点（H1 点）。分别把 20 g 葡萄糖和乳酸加入 500 mL 烧杯中，然后向其中加入 20 g 沉积物样品，最后配制成 400 mL 溶液。在 30 ℃、150 r/min 的摇床上进行有氧和厌氧反应。由于厌氧环境是河流沉积物的重要环境，因此，进行厌氧环境的实验室模拟是非常重要的。实验开始时，为了获得厌氧环境，向密闭的厌氧瓶中通入 N_2 超过 30 min。在实验过程中，每天都向瓶中通入 N_2 超过 10 min。实验过程中，每隔一段时间取一定体积的溶液，过 0.2 μm 滤膜，进行有关的测定。每次取样后都向瓶中通入 N_2 不少于 10 min。实验过程中，分别对反应后溶液中的 As(Ⅲ)、总砷及 Fe(Ⅱ)、总铁的浓度进行测定。

2.3.3 复合铁铝氢氧化物对砷的吸附实验

1. 吸附热力学

以 $FeCl_3·6H_2O$ 和 $Al_2(SO_4)·18H_2O$ 为原料，分别配制成 Al∶Fe 摩尔比为 0∶1（100%Fe）、1∶4（80%Fe）、1∶1（50%Fe）和 1∶0（0%Fe）的复合氧化物作为吸附剂，0.1 mol/L 的 NaCl 作为其背景溶液，研究其在 pH 为 5 和 8 的条件下对 As(Ⅴ)、MMA(Ⅴ)和 DMA（Ⅴ）的吸附，Fe+Al 的总浓度控制在 270 μmol/L，As 的初始浓度控制在 3～135 μmol/L。溶液的 pH 分别用 HCl 和 NaOH 进行调节。混合液在摇床上反应 48 h。其中 MMA(Ⅴ)和 DMA(Ⅴ)分别以一甲基胂酸二钠［$Na_2(CH_3)AsO_3$］和三水合二甲基胂酸钠［$Na(CH_3)_2AsO_2·3H_2O$］的水溶液为标准溶液。

2. pH 的影响

配制 Al∶Fe 的摩尔比分别是 0∶1、1∶4、1∶1 和 1∶0 的水溶液，0.1 mol/L 的 NaCl 作为其背景溶液，As∶(Al+Fe)的摩尔比为 1∶20［13.5 μmol/L As 和 270 μmol/L(Al+Fe)］。用 HCl 和 NaOH 调节样品的 pH 为 3～11，然后在摇床上反

应 48 h。

3. 共存离子的影响

共存离子对五价砷在 Al∶Fe 为 0∶1 铁铝氢氧化物上的吸附，As∶(Al+Fe)的摩尔比为 1∶10［13.5 μmol/L As 和 135 μmol/L（Al+Fe）］。Ca 和 Na 的浓度（用 $CaCl_2$ 和 NaCl）分别在 100 mmol/L、10 mmol/L、1 mmol/L。分别用 HCl 和 NaOH 调节样品的 pH 为 3～11。

4. 磷酸根离子对复合铁铝氢氧化物吸附态砷的解吸

实验过程中保持 P∶As∶(Fe+Al)的摩尔比为 7500∶1∶20，以确保解吸反应彻底进行。具体的实验步骤如下：首先是复合铁铝氢氧化物（Al∶Fe 为 0∶1、1∶4、1∶1 和 1∶0）对砷的吸附反应，保持溶液中砷和复合铁铝氢氧化物的浓度分别为 26.7 μmol/L As 和 534 μmol/L (Fe+Al)。然后从反应液中取出 10 mL，测定溶液中砷的浓度，可以得出复合铁铝氢氧化物吸附砷的量。然后向溶液中加入 10 mL 0.2 mol/L 的磷酸钠溶液，所以最终复合铁铝氢氧化物的溶液体积为 20 mL。分别用 HCl 和 NaOH 调节溶液的 pH，使反应溶液的 pH 保持在 3～12。样品在摇床上反应 48 h 后，测定溶液中砷的浓度，可以得出铁铝共沉淀吸附砷的量。

2.3.4 微生物对砷迁移转化的影响实验

1. 复合铁铝氢氧化物的合成与砷的吸附

制备 Al∶Fe 摩尔比为 0∶1、1∶1 和 1∶0 的复合铁铝氢氧化物，配制方法同上，其铁铝总浓度为 0.1 mol/L。用 NaOH 和 HCl 溶液调节 pH 至 7.3。

另配制一定浓度的砷标准溶液，滴加到上述复合铁铝氢氧化物溶液中。本实验所有操作均在磁力搅拌下进行。在配制完毕后，对上清液中的砷进行测定，以确定复合铁铝氢氧化物吸附砷的量。测定结果表明：氢氧化铁体系中，砷的含量未检出；Al∶Fe 为 1∶1 和 1∶0 体系中，溶液中砷的浓度分别为 25 μg/L 和 75 μg/L，所以相对于砷的初始浓度 75 mg/L，可以忽略不计。因此，本实验认为，所加入的砷标液全部被铁铝氢氧化物吸附。

2. 细菌的富集与培养

参照张雪霞等（2009）所提供的方法进行微生物的富集与培养：基础盐培养基（MSM，g/L）的配制：NH_4Cl 0.5、KH_2PO_4 0.14、$CaCl_2$ 0.113、KCl 0.5、NaCl 0.5 和 $MgCl_2·6H_2O$ 0.62，以乳酸钠作为碳源，加入 0.02%酵母提取物作为其营养补充，加入 75 mg/L As(Ⅴ)［以砷酸钠($Na_3AsO_4·12H_2O$)形式加入］，加入微量元素

（mg/L）：$MnCl_2·4H_2O$ 0.1、$CoCl_2·6H_2O$ 0.12、$ZnCl_2$ 0.07、H_3BO_3 0.06、$NiCl_2·6H_2O$ 0.025、$CuCl_2·2H_2O$ 0.015、$Na_2MoO_4·2H_2O$ 0.025 和 $FeCl_2·4H_2O$ 1.5，用 NaOH 调节 pH 至 7.0。

沉积物样品取自大辽河，在厌氧基础盐培养基中于 30℃、150 r/min 避光培养 7 天，以 5%的接种量接入含 5 mL 相同培养基的厌氧管中进行继代培养。经过数代培养后可以形成稳定的砷抗性菌群。转接采用 1 mL 的一次性注射器。

3. 细菌与铁铝氢氧化物吸附态砷的相互作用

取 5 mL 上述复合铁铝氢氧化物，然后取 20 mL 的 1.25×的无机盐基础培养基（pH 为 7.0）置于 50 mL 具塞厌氧瓶中，充高纯氮约 30 min 除氧。然后于 121 ℃高温灭菌后在 150 r/min、30 ℃摇床中平衡 24 h。对样品组取液体培养的种子液 1 mL 进行接种，于 150 r/min、30 ℃摇床中进行避光培养，对照组不接种。

4. 分析方法

本实验所涉及的取样操作均在厌氧环境下进行。样品摇匀后，分别取 5 mL 悬浊液过 0.22 μm 滤膜，过滤后立即分析滤液中溶解态的总 Fe、Fe(Ⅱ)、总 As 和 As(III)的浓度，另取 2.5 mL 悬浊液加入同体积的 1 mol/L HCl（加 HCl 的目的是确保颗粒态的 Fe(Ⅱ)和 As(III)全部释放到溶液中），密闭，在 150 r/min、30 ℃摇床中反应 1 h，分析悬浮液体系中的总 Fe(Ⅱ)和总 As(III)。

采用邻菲啰啉分光光度法测定 Fe(Ⅱ)，总 Fe 用原子吸收光谱法进行测定；用 HG-AFS 测定溶液中的 As(III)，总 As 的测定同前面所叙述方法。

第 3 章　辽河流域水体沉积物理化性质

3.1　辽河流域河流沉积物理化性质

3.1.1　河流沉积物 pH

辽河流域河流沉积物样本的 pH 表现为非正态分布特征（图 3.1）。pH 范围为 5.79～9.10，中位值和平均值分别为 8.12 和 7.93，因此辽河流域河流沉积物总体表现为偏碱性特征（表 3.1）。图 3.1 中位于辽河上游支流水系的 8～16 点位 pH 低，为 5.79～7.19，可能是受到酸性采矿废水的影响。此外，位于大辽河流域中游的 69、70、72、78 点位的 pH 也比较低，为 5.94～8.98，可能是受到城市工业酸性废水的影响。位于辽河上游干流的 33、27、23、30 点位 pH 高，为 9.10～8.87，表明辽河上游干流沉积物为碱性特点。总体而言，辽河水系沉积物 pH 比大辽河水系高（图 3.2）。

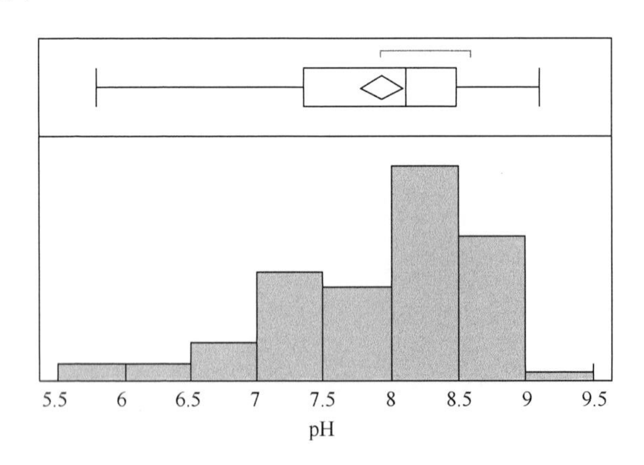

图 3.1　辽河流域河流沉积物 pH 统计分布特征

3.1.2　河流沉积物有机质含量

辽河流域河流沉积物有机质含量表现为非正态分布和正态对数分布特征，在高值侧存在若干离群值（图 3.3）。有机质（OM）含量变化范围为 0.01%～8.63%，平均值和中位值分别为 1.84%和 1.40%（表 3.1）。本溪（点位 75）、沈阳（点位 66）、辽阳（点位 78）、鞍山（点位 82）等大城市附近，尤其是下游沉积物有机质

表 3.1　辽河流域河流沉积物理化性质统计参数

分位数（%）	统计量	pH	OM（%）	OM*（%）	碳酸钙（%）	碳酸钙*（%）	黏粒（%）	粉粒（%）	砂粒（%）
100.0	最大值	9.10	8.63	4.41	8.23	3.31	19.71	42.43	99.65
99.5		9.10	8.63	4.41	8.23	3.31	19.71	42.43	99.65
97.5		8.95	7.34	4.20	7.04	3.29	15.43	37.13	99.27
90.0		8.67	4.24	3.09	4.18	3.03	11.74	31.99	97.66
75.0	四分位数	8.48	2.36	2.24	2.84	2.62	6.38	21.44	92.35
50.0	中位数	8.12	1.40	1.21	2.02	2.24	3.56	13.65	82.78
25.0	四分位数	7.35	0.51	0.48	0.56	1.52	1.58	4.79	71.37
10.0		6.98	0.31	0.28	0.02	0.94	0.42	1.99	54.92
2.5		6.01	0.11	0.11	0.00	0.63	0.11	0.62	45.35
0.5		5.79	0.01	0.01	0.00	0.63	0.09	0.24	42.04
0.0	最小值	5.79	0.01	0.01	0.00	0.63	0.09	0.24	42.04
	均值	7.93	1.84	1.44	2.03	1.80	4.83	14.58	80.58
	标准差	0.71	1.74	1.08	1.74	0.82	4.28	10.63	14.53
	均值标准误差	0.08	0.19	0.12	0.19	0.11	0.46	1.13	1.55
	均值 95%上限	8.08	2.21	1.68	2.40	2.03	5.74	16.84	83.66
	均值 95%下限	7.78	1.47	1.20	1.66	1.58	3.93	12.33	77.51
	数目	88	88	81	88	53	88	88	88

*为剔除离群值之后的样本。

含量较高（图 2.1，图 3.4），可能是受到城市污水排放的影响。去除离群值后，辽河流域河流沉积物有机质含量范围为 0.01%～4.41%，平均值和中位值分别为 1.44%和 1.21%，平均值 95%置信区间为 1.20%～1.68%。总体而言，发源于东部山区的河流，沉积物有机质含量相对较高（图 3.4）。

3.1.3　河流沉积物碳酸钙含量

辽河流域河流沉积物碳酸钙含量表现为非正态分布和正态对数分布特征，在高值侧存在若干离群值（图 3.5）。碳酸钙含量变化范围为 0.00%～8.23%，平均值和中位值分别为 2.03%和 2.02%（表 3.1）。位于沙河的 75 点位和大辽河上游的 31、32、33 点位碳酸钙含量高，为 6.04%～8.23%（图 2.1，图 3.6）。去除离群值后，辽河流域河流沉积物碳酸钙含量范围为 0.63%～3.31%，平均值和中位值分别为

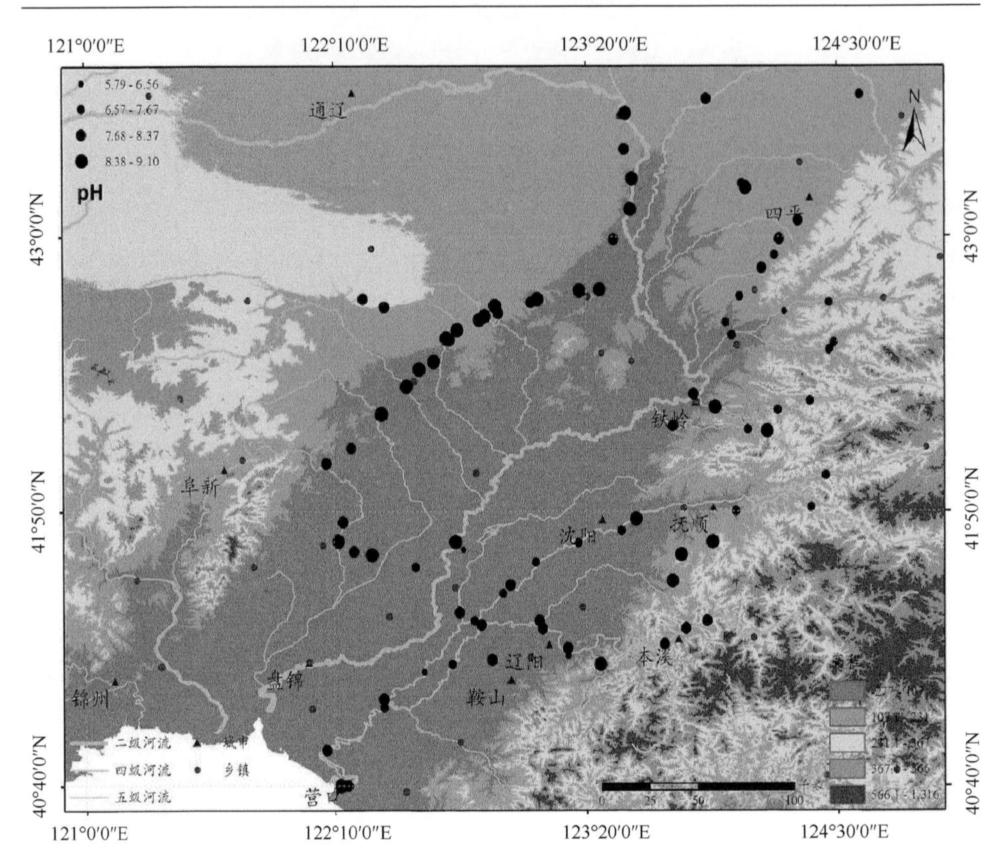

图 3.2　辽河流域河流沉积物 pH 空间分布特征

点大小代表 pH 高低

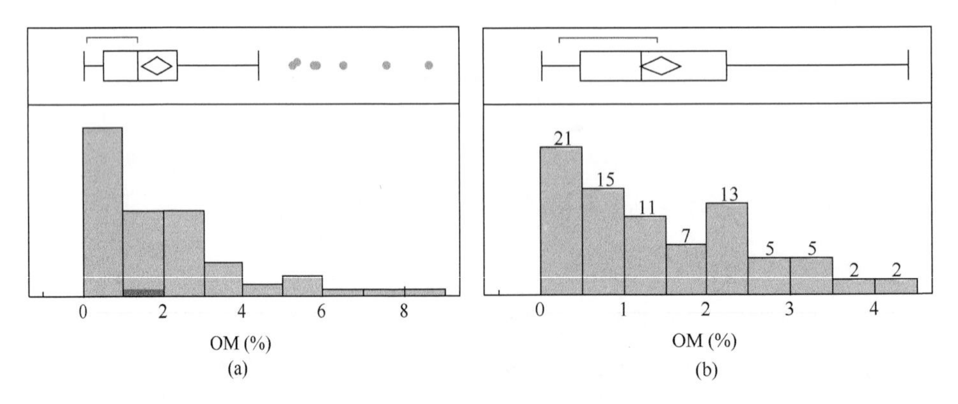

图 3.3　辽河流域河流沉积物有机质(OM)含量统计分布特征

(a)总样本频率分布；(b)剔除(a)图离群值后的频率分布

1.80%和 2.24%，平均值 95%置信区间为 1.58%～2.03%。辽河水系沉积物碳酸钙含量总体上高于大辽河水系（图 3.6）。

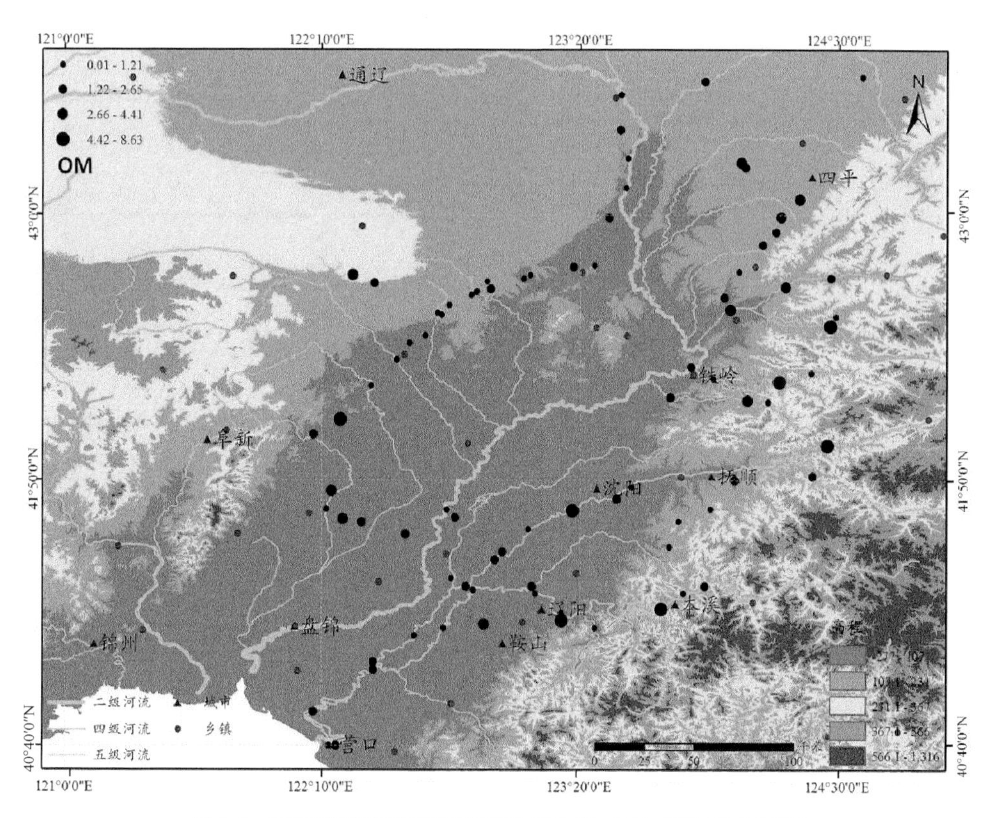

图 3.4　辽河流域河流沉积物有机质含量（%）空间分布特征

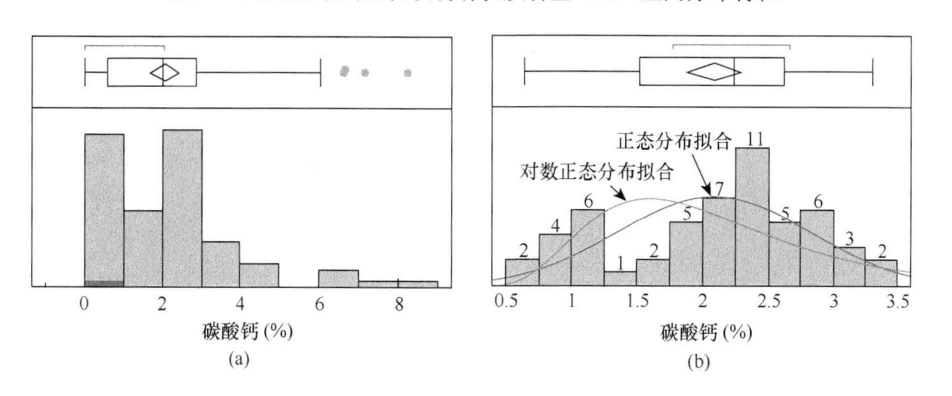

图 3.5　辽河流域河流沉积物碳酸钙含量统计分布特征

(a)总样本频率分布；(b)剔除(a)图离群值后的频率分布

3.1.4　河流沉积物机械组成

辽河流域河流沉积物黏粒、粉粒、砂粒含量表现为非正态分布特征（图 3.7）。黏粒、粉粒、砂粒含量变化范围分别为 0.09%～19.71%、0.24%～42.43%、42.04%～

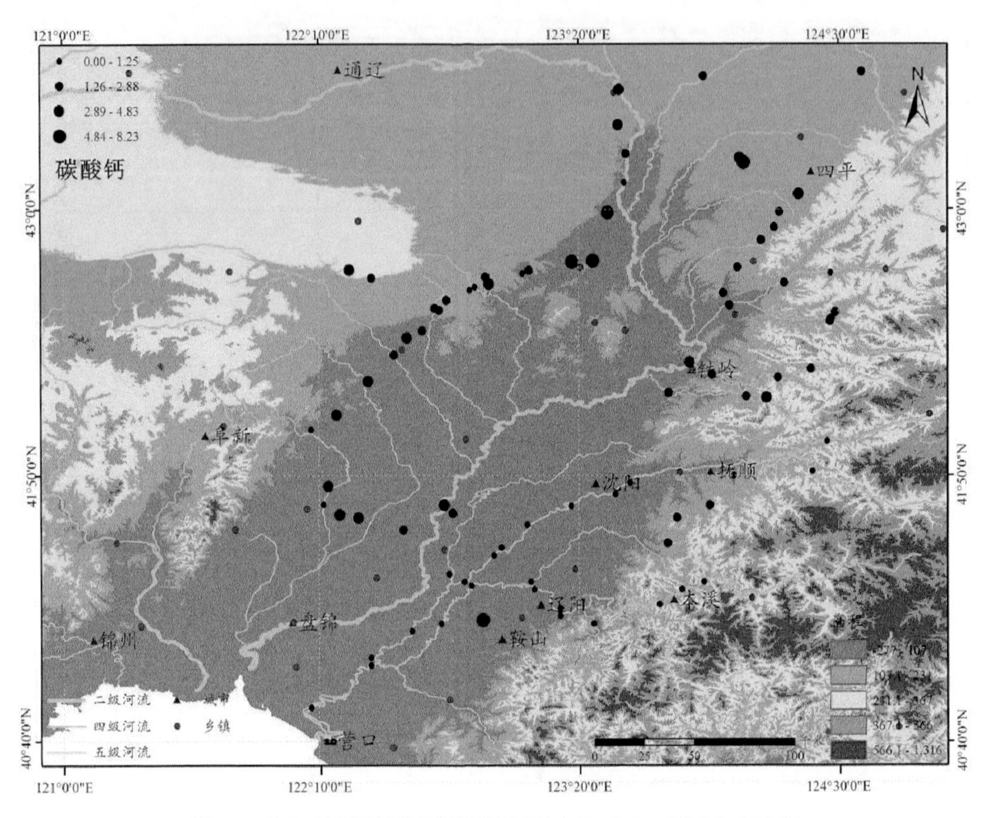

图 3.6　辽河流域河流沉积物碳酸钙含量（%）空间分布特征

99.65%，其中位值分别为 3.56%、13.65%、82.78%，平均值分别为 4.83%、14.58%、80.58%。总体上，沉积物质地为砂壤质。大辽河下游（72、84、85、86、87、88 点位）沉积物黏粒含量高（图 2.1），为 10.52%～19.71%，这符合河流泥沙运移的基本规律。

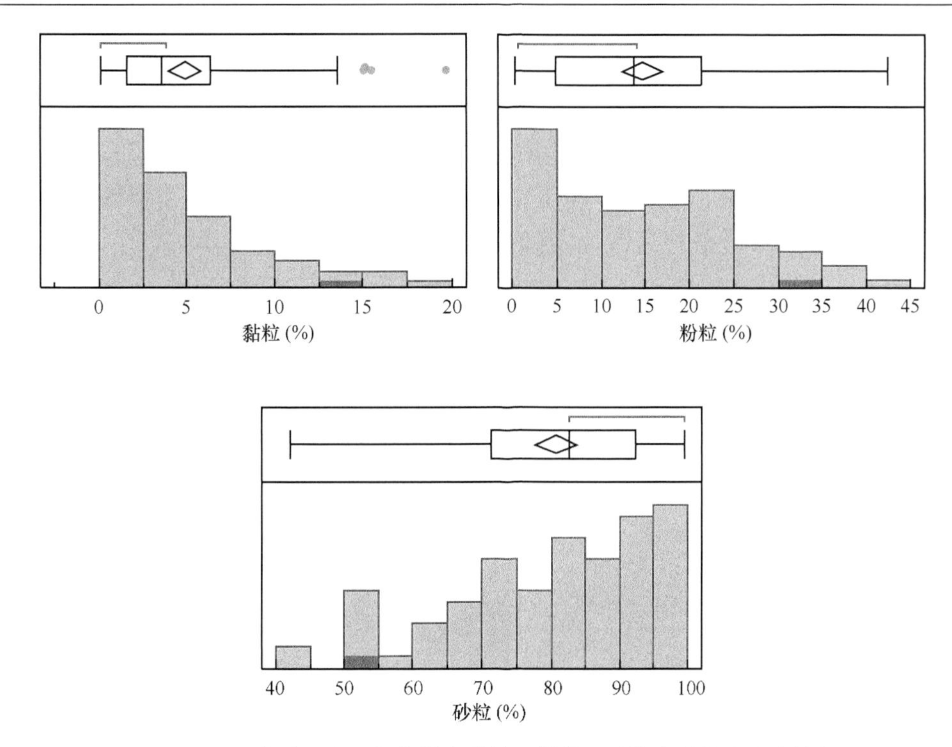

图 3.7　辽河流域河流沉积物样本黏粒、粉粒、砂粒含量统计分布特征

3.1.5　河流沉积物铁铝元素含量

辽河流域河流沉积物 Fe 含量表现为非正态分布和正态对数分布特征，在高值侧存在极高离群值（图 3.8）。Fe 含量变化范围为 0.28%～17.91%，平均值和中位值分别为 2.56%和 1.93%（表 3.2）。位于太子河支流的 76、77、82 点位 Fe 含量高，为 9.46%～17.91%（图 2.1，图 3.9），可能是由于该区域铁矿开采及钢铁冶炼的影响。去除离群值后，辽河流域河流沉积物 Fe 含量表现为近似正态分布或正态对数分布特征，含量范围为 0.28%～4.45%，平均值和中位值分别为 2.02%和 1.82%，平均值 95%置信区间为 1.78%～2.27%。总体上，发源于东南高山区河流的沉积物 Fe 含量较高；而发源于西北低山区河流的沉积物 Fe 含量较低（图 3.9）。

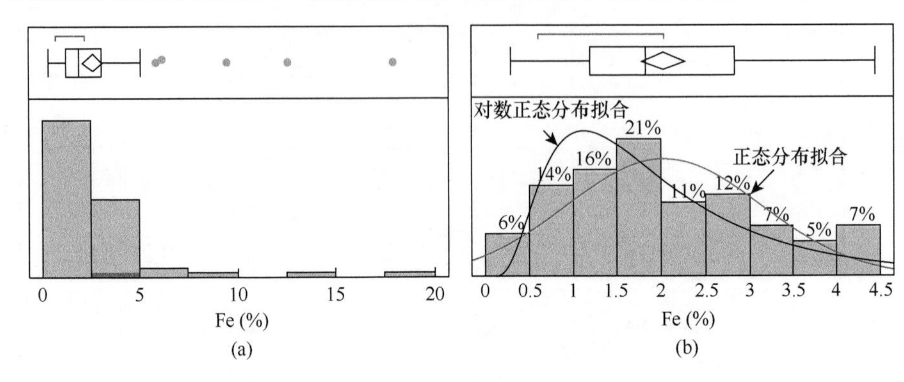

图 3.8　辽河流域河流沉积物 Fe 含量统计分布特征

(a)总样本频率分布；(b)剔除(a)图离群值后的频率分布

辽河流域河流沉积物 Al 含量表现为非正态分布和正态对数分布特征，在高值侧存在 1 个极高离群值（图 3.10）。Al 含量变化范围为 1.85%～12.23%，平均值

表 3.2　辽河流域河流沉积物 Fe、Al 含量（%）统计参数

分位数（%）	统计量	Fe	Fe*	Al	Al*
100.0	最大值	17.91	4.45	12.23	8.21
99.5		17.91	4.45	12.23	8.21
97.5		11.89	4.24	8.20	8.15
90.0		4.27	3.81	7.62	7.58
75.0	四分位数	3.05	2.84	7.11	7.10
50.0	中位数	1.93	1.82	6.64	6.60
25.0	四分位数	1.22	1.19	5.00	4.99
10.0		0.69	0.67	3.36	3.34
2.5		0.34	0.33	2.01	2.01
0.5		0.28	0.28	1.85	1.85
0.0	最小值	0.28	0.28	1.85	1.85
	均值	2.56	2.02	6.02	5.95
	标准差	2.49	1.10	1.71	1.58
	均值标准误差	0.27	0.12	0.18	0.17
	均值 95%上限	3.09	2.27	6.38	6.28
	均值 95%下限	2.03	1.78	5.65	5.61
	数目	88	81	88	87

*为剔除离群值后的样本。

和中位值分别为6.02%和6.64%（表3.2）。极高离群值位于太子河本溪市下游的75点位，含量为12.23%（图2.1，图3.11），可能是工业固体废弃物排入太子河的原因。去除离群值后，辽河流域河流沉积物Al含量仍然表现为非正态分布和正态对数分布特征，含量范围为1.85%～8.21%，平均值和中位值分别为5.95%和6.60%，平均值95%置信区间为5.61%～6.28%。总体上，辽河流域河流沉积物Al含量的空间变异较低（图3.11），变异系数为28.44%，远低于Fe含量的空间变异（变异系数为97.18%）。这表明辽河流域河流沉积物Al含量受人为活动影响的程度较低。

3.1.6 河流沉积物钙镁元素含量

辽河流域河流沉积物Ca含量频率分布图高值侧存在4个离群值（图3.12），含量变化范围为0.21%～5.44%，平均值和中位值分别为1.40%和1.32%（表3.3）。高离群值位于辽河水系的5点位和大辽河水系的82点位，其Ca含量分别为5.44%和5.37%（图2.1，图3.13）。然而，这两个点位的碳酸钙含量差异较大；5点位碳

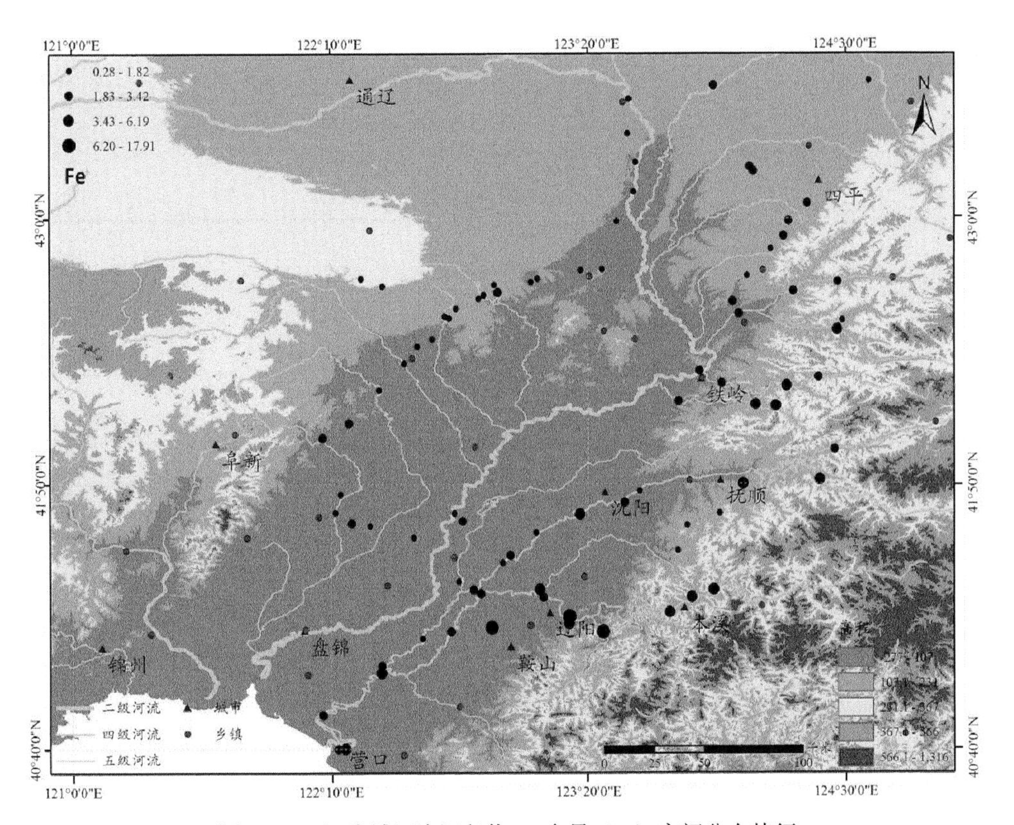

图3.9 辽河流域河流沉积物Fe含量（%）空间分布特征

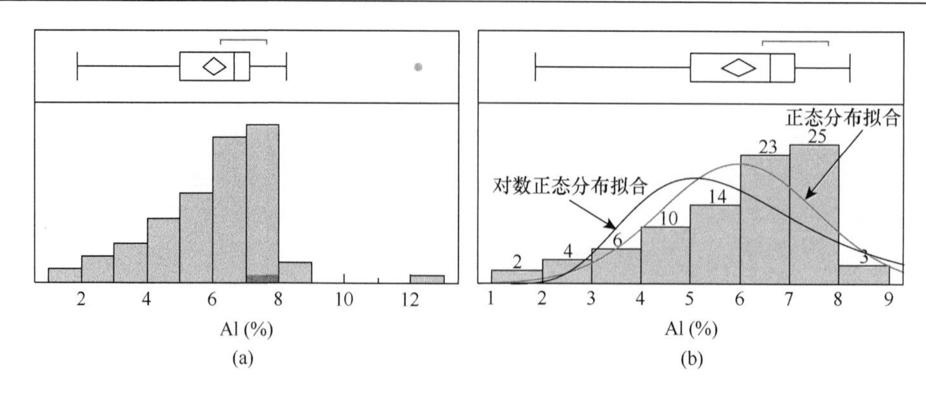

图 3.10　辽河流域河流沉积物 Al 含量统计分布特征

（a）总样本频率分布；（b）剔除（a）离群值后的频率分布

酸钙含量为 4.36%，而 82 点位碳酸钙含量为 8.23%，表明这两个点位 Ca 的来源不同。去除离群值后，辽河流域河流沉积物 Ca 含量表现为近似正态分布特征，含量范围为 0.21%～2.52%，平均值和中位值分别为 1.28%和 1.31%，平均值 95%

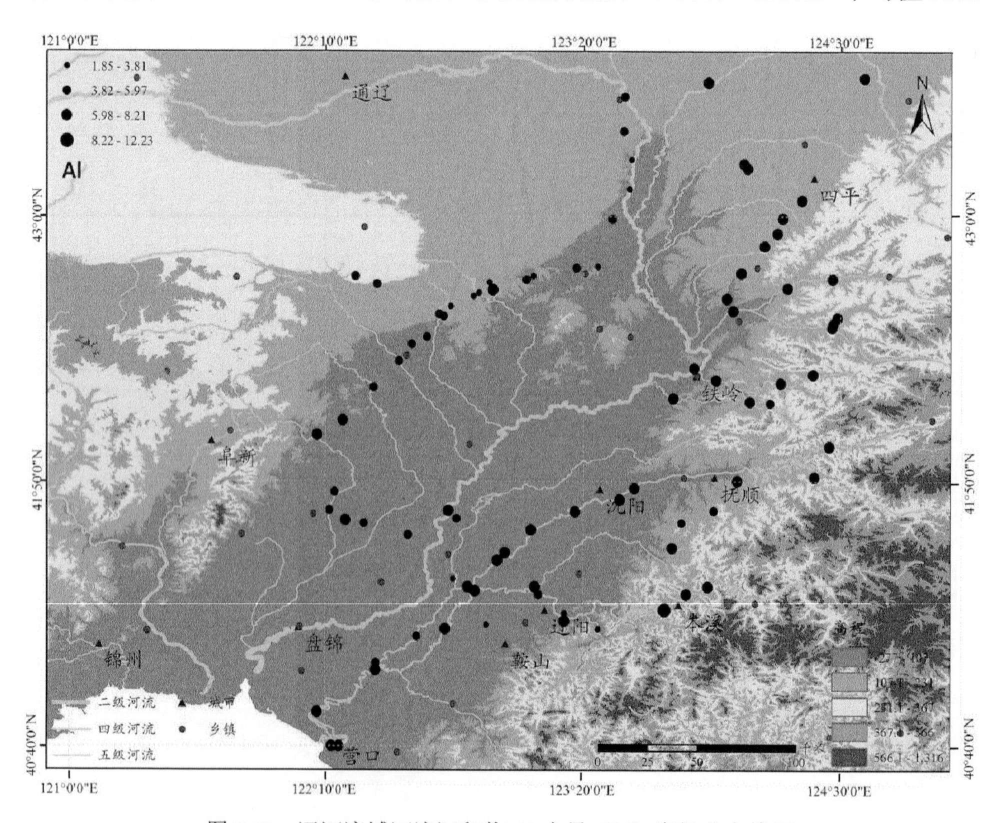

图 3.11　辽河流域河流沉积物 Al 含量（%）空间分布特征

置信区间为 1.16%～1.39%。总体上，大辽河水系沉积物 Ca 含量与辽河水系沉积物 Ca 含量基本相近（图 3.13）。

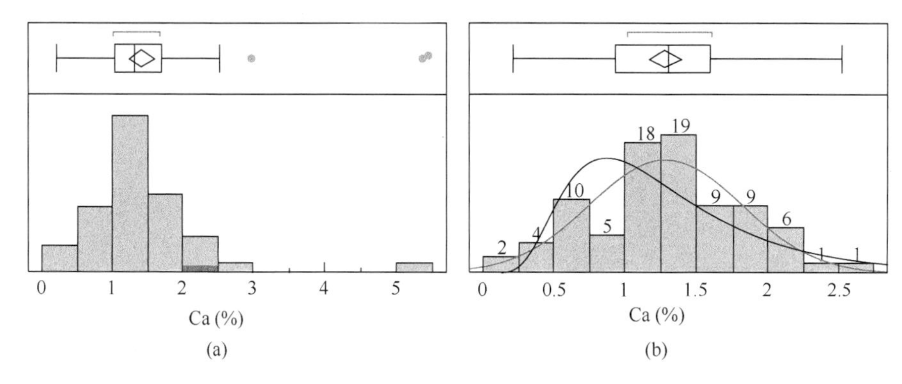

图 3.12　辽河流域河流沉积物 Ca 含量统计分布特征

(a)总样本频率分布；(b)剔除(a)图离群值后的频率分布

表 3.3　辽河流域河流沉积物 Ca、Mg 含量（%）统计参数

分位数（%）	统计量	Ca	Ca*	Mg	Mg*
100.0	最大值	5.44	2.52	3.42	1.51
99.5		5.44	2.52	3.42	1.51
97.5		4.83	2.39	1.93	1.50
90.0		2.16	2.00	1.34	0.99
75.0	四分位数	1.70	1.60	0.80	0.77
50.0	中位数	1.32	1.31	0.47	0.44
25.0	四分位数	1.03	0.94	0.29	0.28
10.0		0.54	0.53	0.13	0.13
2.5		0.25	0.24	0.06	0.06
0.5		0.21	0.21	0.04	0.04
0.0	最小值	0.21	0.21	0.04	0.04
	均值	1.40	1.28	0.62	0.54
	标准差	0.83	0.53	0.53	0.36
	均值标准误差	0.09	0.06	0.06	0.04
	均值 95%上限	1.58	1.39	0.73	0.62
	均值 95%下限	1.23	1.16	0.51	0.46
	数目	88	84	88	84

*为剔除离群值之后的样本。

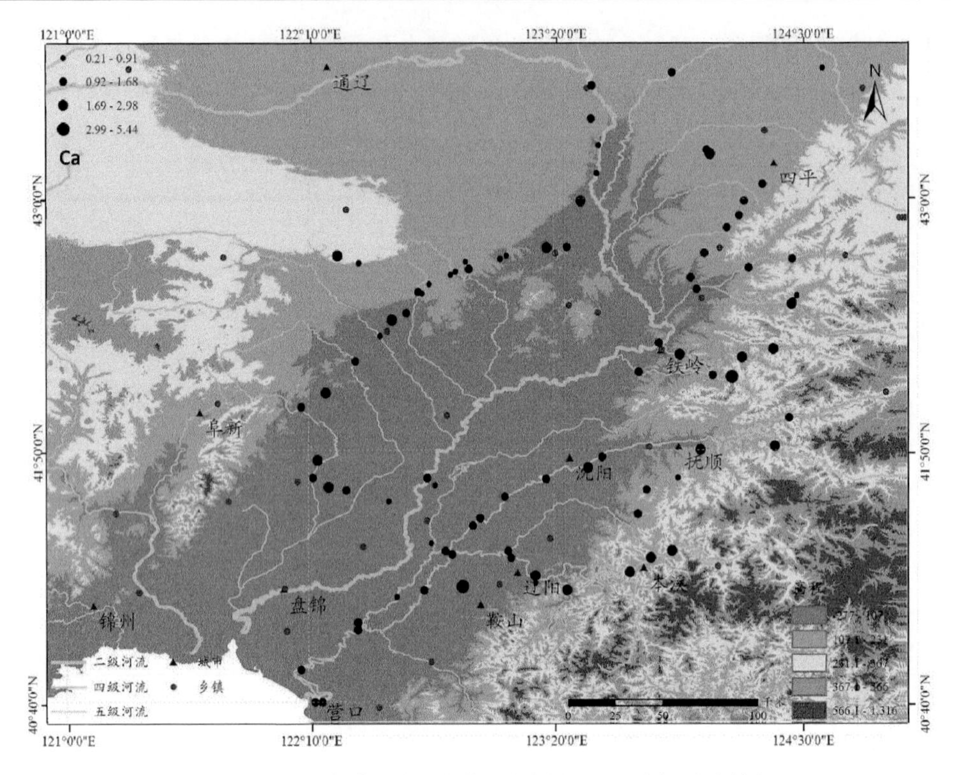

图 3.13　辽河流域河流沉积物 Ca 含量（%）空间分布特征

辽河流域河流沉积物 Mg 含量频率分布图高值侧存在 4 个离群值（图 3.14），含量变化范围为 0.04%～3.42%，平均值和中位值分别为 0.62%和 0.47%（表 3.3）。高离群值位于辽河水系的 5 点位和大辽河水系的 76、77、82 点位，其 Mg 含量分别为 3.42%和 1.87%～1.95%（图 2.1，图 3.15）。去除离群值后，辽河流域河流沉

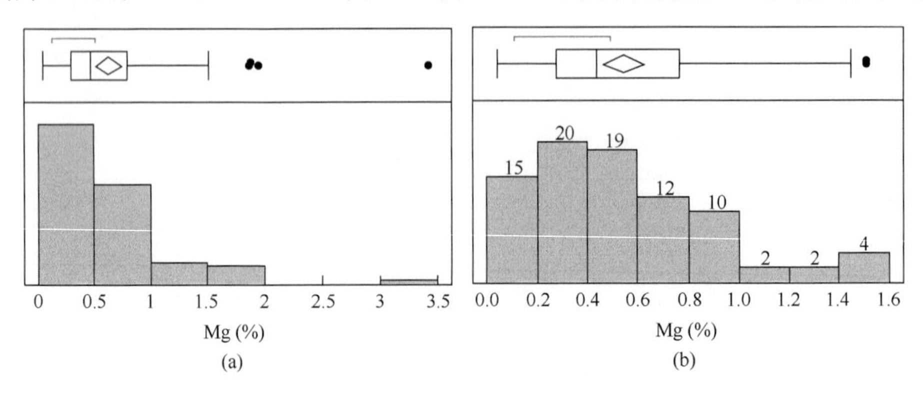

图 3.14　辽河流域河流沉积物 Mg 含量统计分布特征

(a)总样本频率分布；(b)剔除(a)图离群值后的频率分布

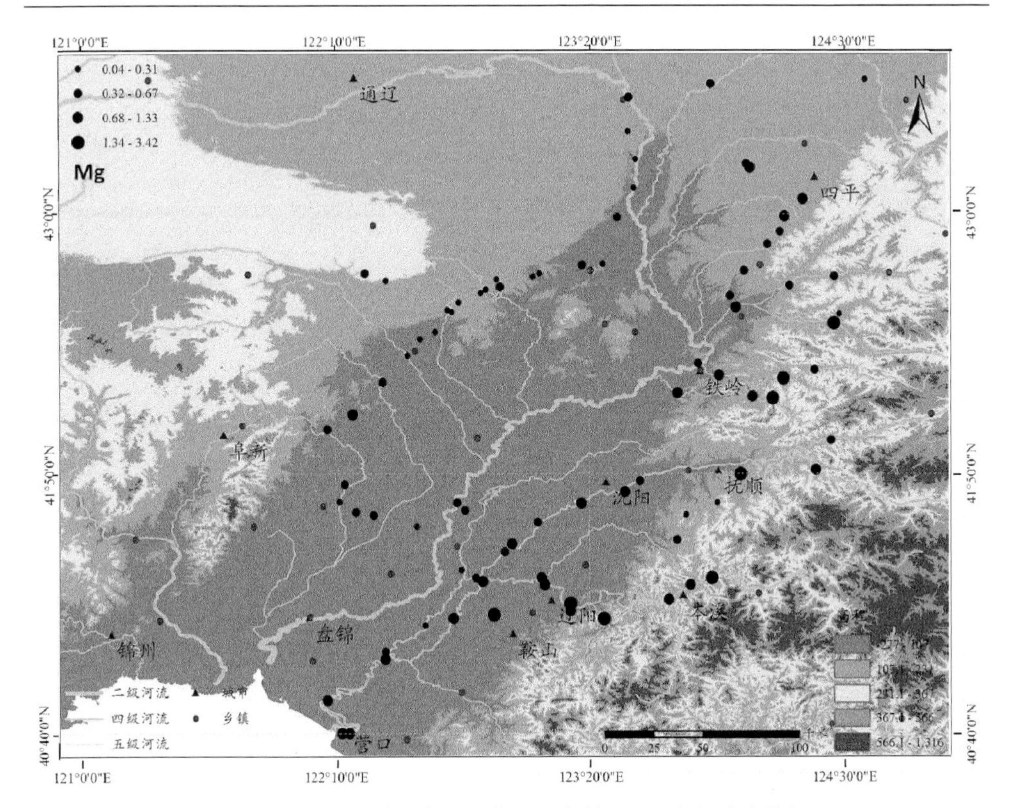

图 3.15　辽河流域河流沉积物 Mg 含量（%）空间分布特征

积物 Mg 含量变化范围为 0.04%～1.51%，平均值和中位值分别为 0.54%和 0.44%，平均值 95%置信区间为 0.46%～0.62%。总体上，发源于东南高山区河流的沉积物 Mg 含量较高；而发源于西北低山区河流的沉积物 Mg 含量较低（图 3.15）。

3.1.7　河流沉积物钠钾元素含量

虽然辽河流域河流沉积物 Na 含量频率分布图高值侧存在 1 个离群值，但是其分布表现为正态分布特征（图 3.16）。Na 含量变化范围为 0.32%～3.35%，平均值和中位值分别为 1.73%和 1.77%（表 3.4）。高离群值位于辽河水系的 9 点位，含量为 3.35%（图 2.1，图 3.17）。去除离群值后，辽河流域河流沉积物 Na 含量范围为 0.32%～3.14%，平均值和中位值分别为 1.71%和 1.74%，平均值 95%置信区间为 1.58%～1.84%。总体上，发源于东南高山区河流的沉积物 Na 含量较高；而发源于西北低山区河流的沉积物 Na 含量较低（图 3.17）。此外，受海水影响，87、88 点位沉积物 Na 含量也相对较高。

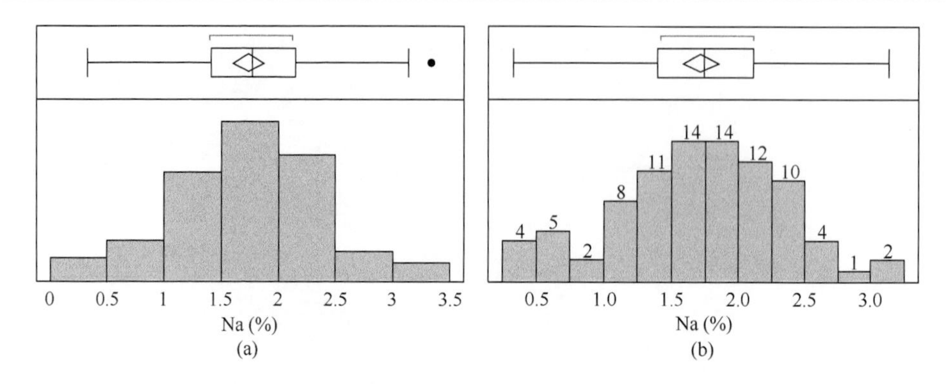

图 3.16　辽河流域河流沉积物 Na 含量统计分布特征

（a）总样本频率分布；（b）剔除（a）图离群值后的频率分布

表 3.4　辽河流域河流沉积物 Na、K 含量（%）统计参数

分位数（%）	统计量	Na	Na*	K	K*
100.0	最大值	3.35	3.14	2.87	2.87
99.5		3.35	3.14	2.87	2.87
97.5		3.12	2.99	2.72	2.72
90.0		2.46	2.44	2.64	2.65
75.0	四分位数	2.15	2.12	2.46	2.47
50.0	中位数	1.77	1.74	2.32	2.35
25.0	四分位数	1.40	1.39	2.03	2.06
10.0		0.72	0.72	1.77	1.89
2.5		0.40	0.40	0.48	1.41
0.5		0.32	0.32	0.28	1.38
0.0	最小值	0.32	0.32	0.28	1.38
	均值	1.73	1.71	2.21	2.27
	标准差	0.64	0.62	0.45	0.32
	均值标准误差	0.07	0.07	0.05	0.03
	均值 95%上限	1.87	1.84	2.30	2.34
	均值 95%下限	1.60	1.58	2.11	2.20
	数目	88	87	88	85

*为剔除离群值之后的样本。

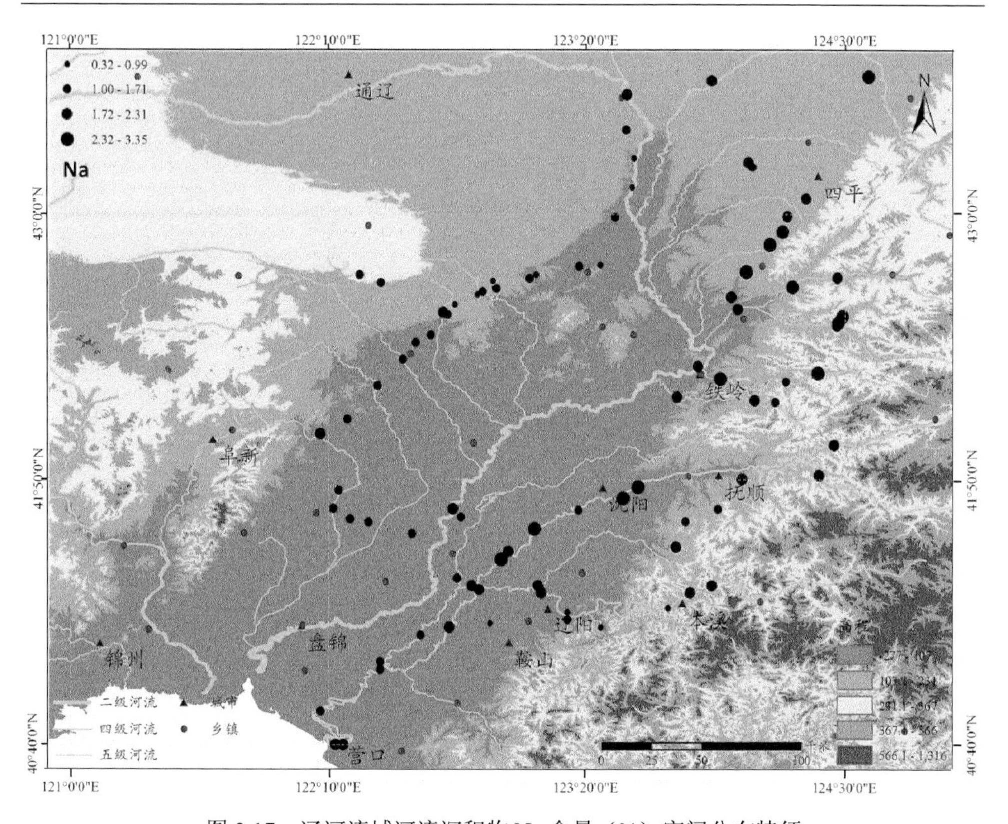

图 3.17　辽河流域河流沉积物 Na 含量（%）空间分布特征

辽河流域河流沉积物 K 含量频率分布图低值侧存在 3 个离群值（图 3.18），含量变化范围为 0.28%～2.87%，平均值和中位值分别为 2.21%和 2.32%（表 3.4）。低离群值位于太子河的 75、76、82 点位，含量为 0.28%～0.70%（图 2.1，图 3.19）。去除离群值后，辽河流域河流沉积物 K 含量基本表现为正态分布特点，含量范围为 1.38%～2.87%，平均值和中位值分别为 2.27%和 2.35%，平均值 95%置信区间为 2.20%～2.34%。总体上，发源于东南高山区河流的沉积物 K 含量较低；而发源于西北低山区河流的沉积物 K 含量较高（图 3.19）。

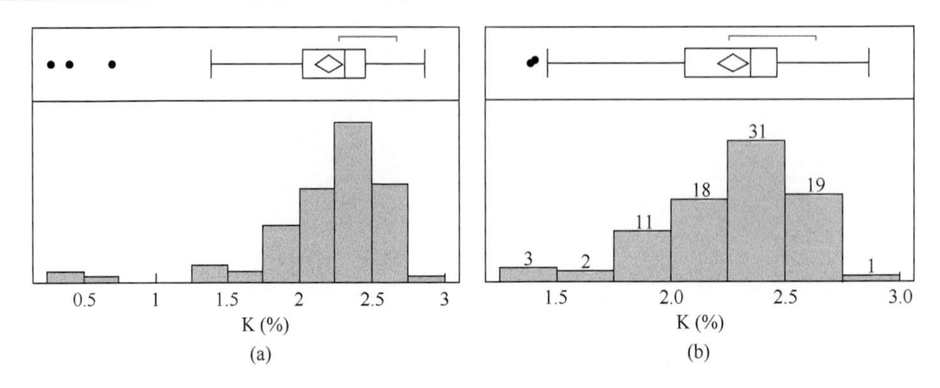

图 3.18　辽河流域河流沉积物 K 含量统计分布特征

（a）总样本频率分布；（b）剔除（a）图离群值后的频率分布

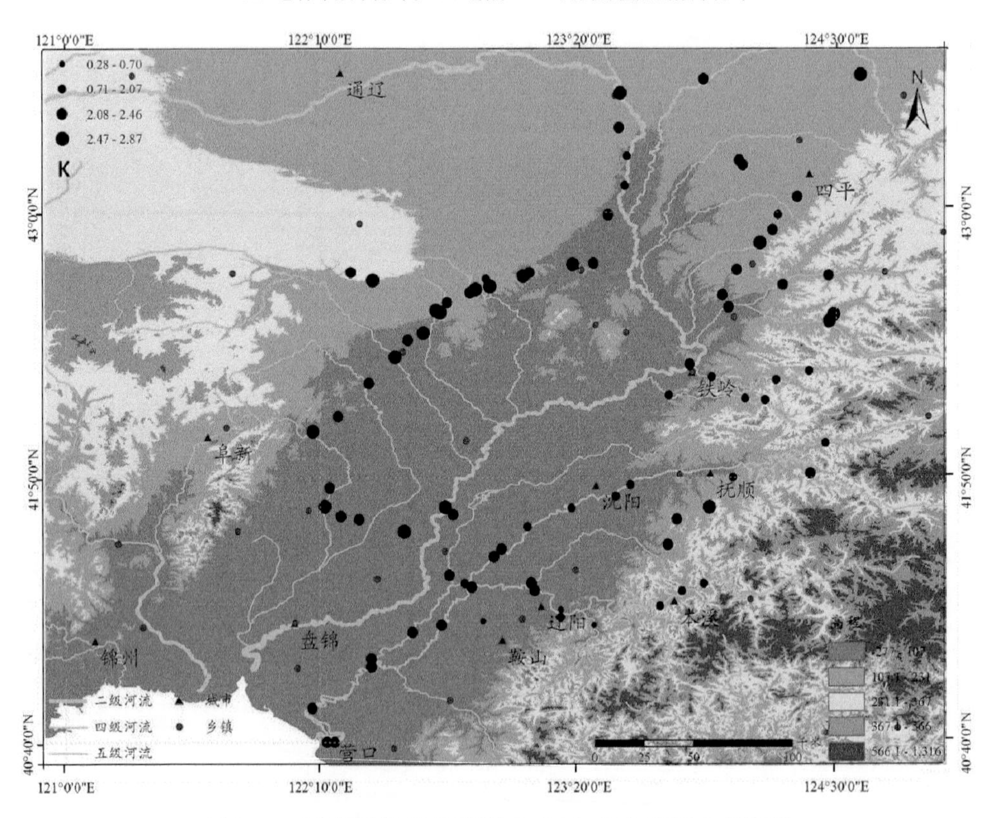

图 3.19　辽河流域河流沉积物 K 含量（%）空间分布特征

3.1.8　河流沉积物钛锰钪元素含量

辽河流域河流沉积物 Ti 含量表现为非正态分布特征（图 3.20），含量变化范围为 621.00～5804.00 mg/kg，平均值和中位值分别为 2886.58 mg/kg 和 2989.00 mg/kg（表 3.5）。位于太子河上游本溪市下方的 75 点位，沉积物 Ti 含量最高，可能是受到钢铁冶炼活动的影响；位于辽河水系支流上游的 34 点位，沉积物 Ti 含量最低（图 2.1，图 3.21）。总体上，大辽河水系沉积物 Ti 含量与辽河水系沉积物 Ti 含量比较相近（图 3.21）。

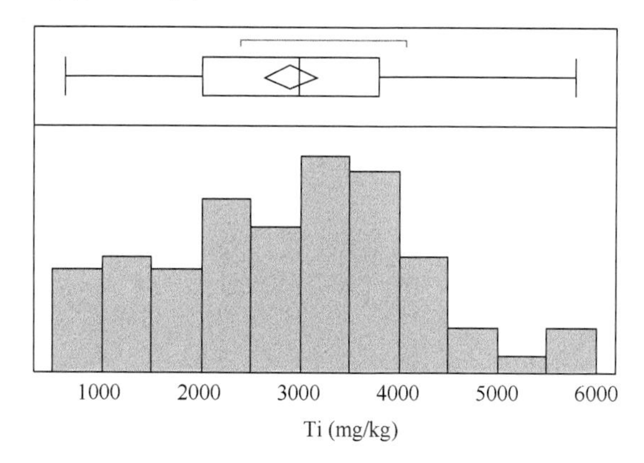

图 3.20　辽河流域河流沉积物 Ti 含量统计分布特征

表 3.5　辽河流域河流沉积物 Ti、Mn 、Sc 含量（mg/kg）统计参数

分位数（%）	统计量	Ti	Mn	Mn*	Sc	Sc*
100.0	最大值	5804.00	1771.57	1072.42	16.76	13.07
99.5		5804.00	1771.57	1072.42	16.76	13.07
97.5		5622.10	1293.05	943.70	15.05	12.50
90.0		4378.90	814.16	754.12	10.75	10.33
75.0	四分位数	3803.50	647.49	605.56	8.74	8.53
50.0	中位数	2989.00	448.04	433.43	6.43	6.37
25.0	四分位数	1992.75	308.87	298.40	4.65	4.52
10.0		1162.30	195.23	183.91	2.66	2.63
2.5		678.63	107.22	106.98	1.72	1.71
0.5		621.00	105.88	105.88	1.38	1.38
0.0	最小值	621.00	105.88	105.88	1.38	1.38
	均值	2886.58	502.29	460.34	6.75	6.53
	标准差	1225.31	288.72	213.81	3.15	2.83
	均值标准误差	130.62	30.78	23.33	0.34	0.31
	均值 95%上限	3146.20	563.46	506.74	7.42	7.14
	均值 95%下限	2626.96	441.12	413.94	6.09	5.93
	数目	88	88	84	88	86

*为剔除离群值之后的样本。

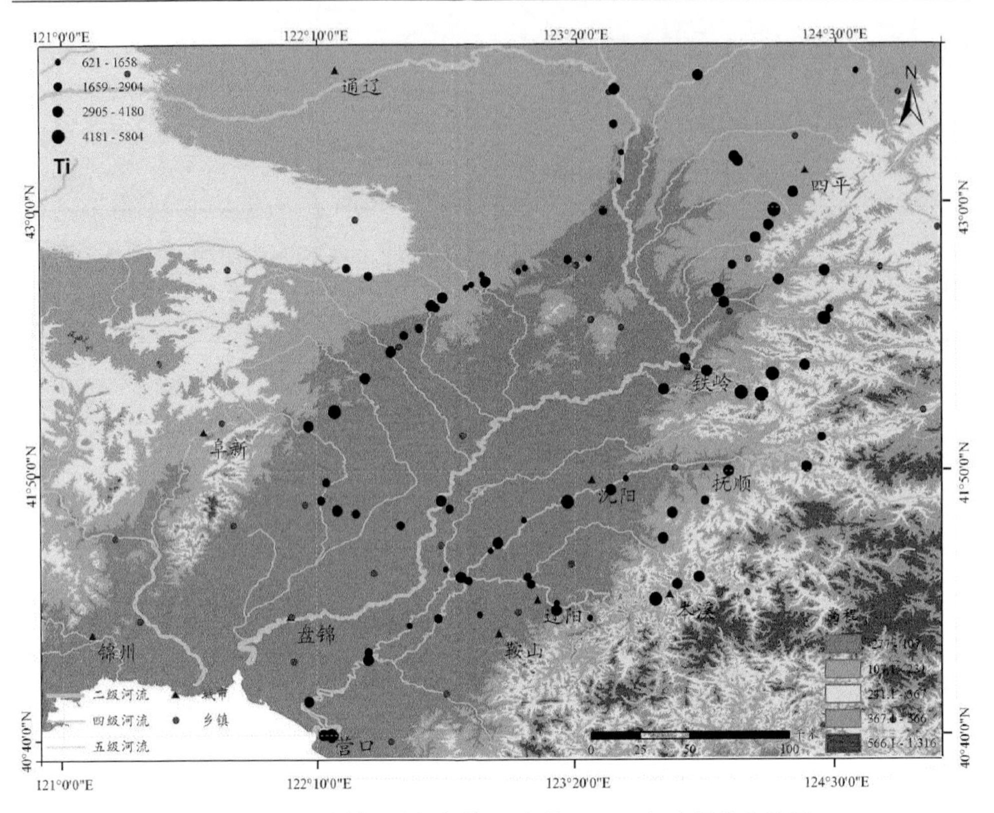

图 3.21　辽河流域河流沉积物 Ti 含量（mg/kg）空间分布特征

辽河流域河流沉积物 Mn 含量表现为非正态分布特征，在高值侧存在 4 个极高离群值（图 3.22），含量变化范围为 105.88～1771.57 mg/kg，平均值和中位值分别为 502.29 mg/kg 和 448.04 mg/kg（表 3.5）。高离群值位于太子河辽阳和鞍山附近的 76、77、82 点位，含量为 1208～1771 mg/kg，可能是受到钢铁冶炼活动的影响（图 2.1，图 3.23）。总体上，发源于东南高山区河流的沉积物 Fe 含量较高；而发源于西北低山区河流的沉积物 Fe 含量较低（图 3.23）。

辽河流域河流沉积物 Sc 含量表现为近似正态分布特征，在高值侧存在两个高离群值（图 3.24），含量变化范围为 1.38～16.76 mg/kg，平均值和中位值分别为 6.75 mg/kg 和 6.43 mg/kg（表 3.5）。高离群值位于太子河上游的 75 点位和辽河水系上游支流的 6 点位，含量分别为 16.76 mg/kg 和 15.63 mg/kg（图 2.1，图 3.25）。剔除离群值后，辽河流域河流沉积物 Sc 含量范围为 1.38～13.07 mg/kg，平均值和中位值分别为 6.53 mg/kg 和 6.37 mg/kg，平均值 95%置信区间为 5.93～7.14 mg/kg。总体上，发源于东南高山区河流的沉积物 Sc 含量较高；而发源于西北低山区河流的沉积物 Sc 含量较低（图 3.25）。

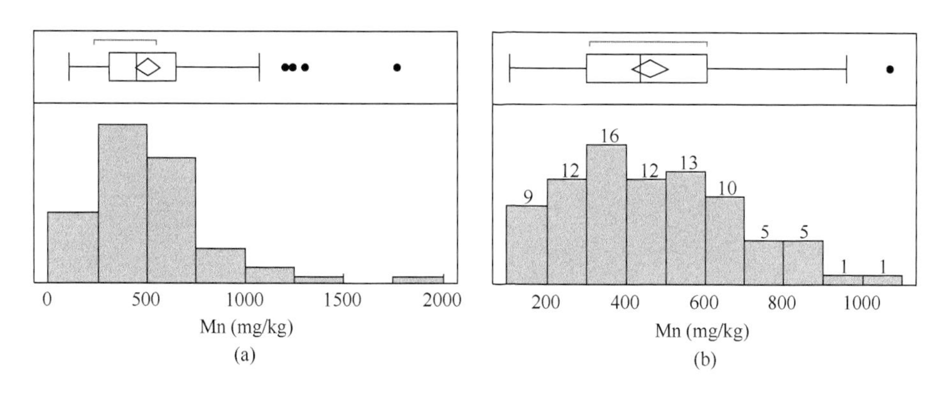

图 3.22　辽河流域河流沉积物 Mn 含量统计分布特征

（a）总样本频率分布；（b）剔除（a）图离群值后的频率分布

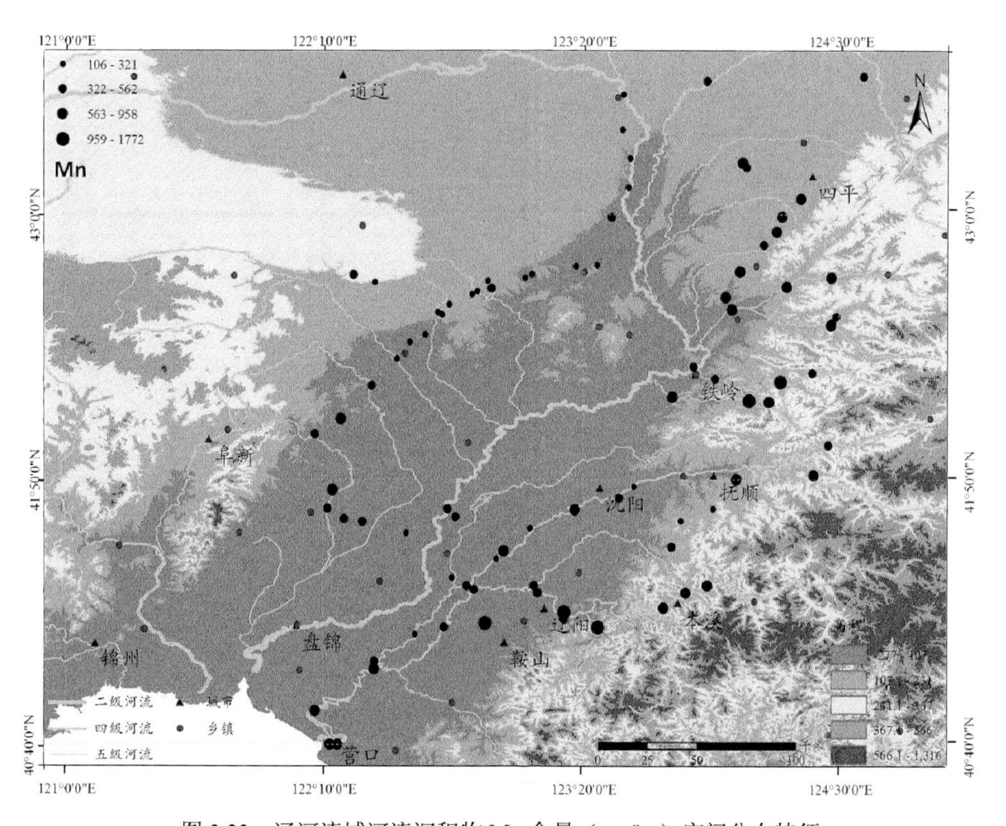

图 3.23　辽河流域河流沉积物 Mn 含量（mg/kg）空间分布特征

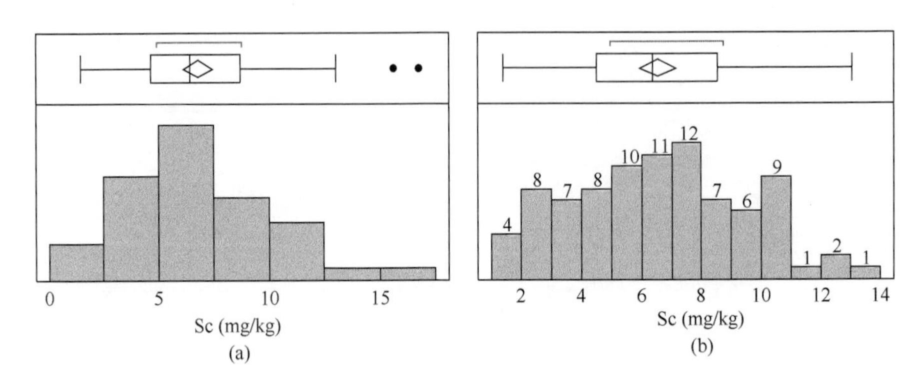

图 3.24　辽河流域河流沉积物 Sc 含量统计分布特征

（a）总样本频率分布；（b）剔除（a）图离群值后的频率分布

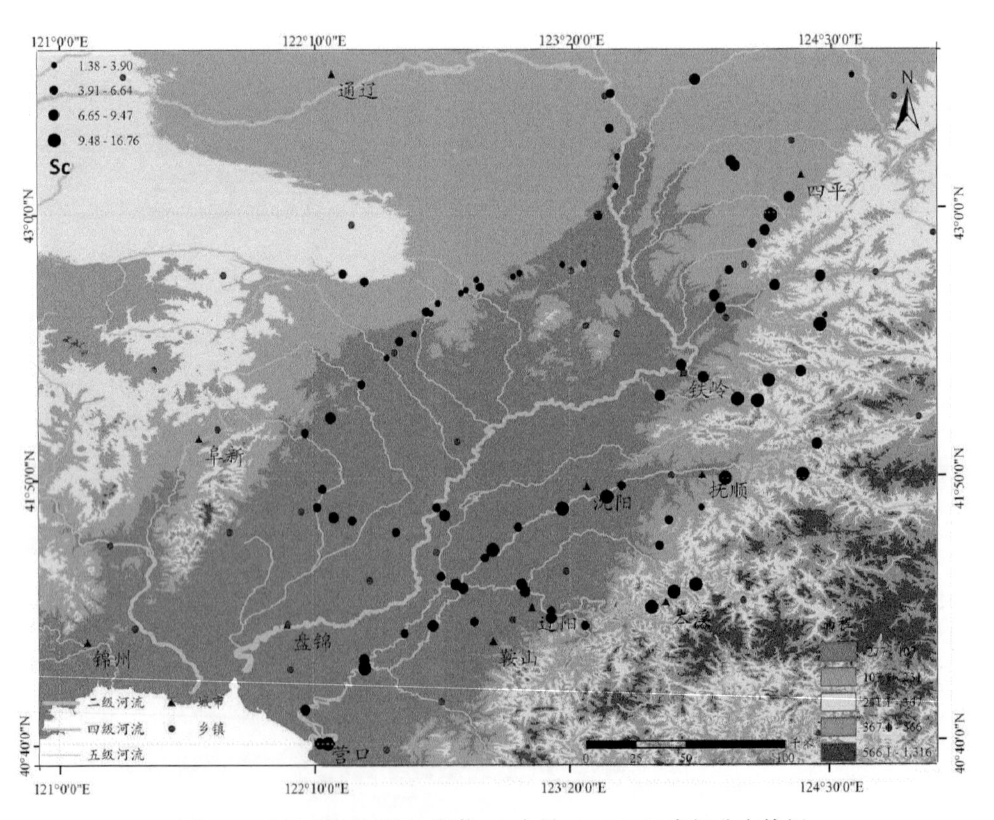

图 3.25　辽河流域河流沉积物 Sc 含量（mg/kg）空间分布特征

3.2　大辽河河口沉积物的理化性质

3.2.1　河口沉积物 pH

大辽河河口沉积物样本pH表现为非正态分布特征(图3.26)。pH范围为6.00～8.00，中位值和平均值分别为7.90和7.63，因此大辽河河口沉积物总体表现为偏碱性特征（表3.6）。剔除离群值后pH范围为7.00～8.00，中位值和平均值分别为7.90和7.76，平均值95%置信区间为7.66～7.85（表3.6）。

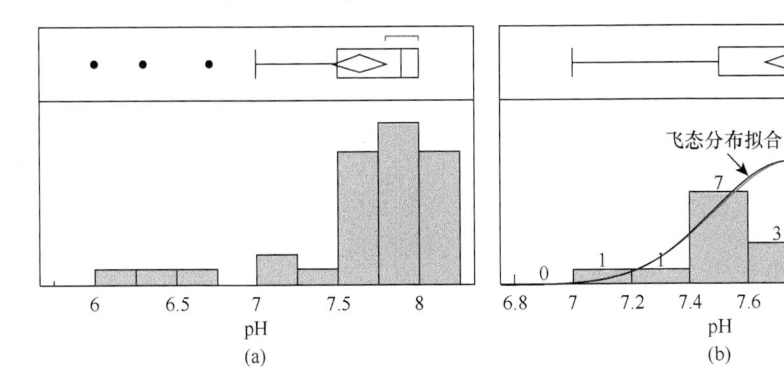

图3.26　大辽河河口沉积物pH统计分布特征
(a)总样本频率分布；(b)剔除(a)图离群值后的频率分布

表3.6　大辽河河口沉积物理化性质

分位数（%）	统计量	pH	pH*	OM（%）	黏粒（%）	粉粒（%）	砂粒（%）
100.0	最大值	8.00	8.00	2.39	17.40	51.70	88.40
99.5		8.00	8.00	2.39	17.40	51.70	88.40
97.5		8.00	8.00	2.39	17.40	51.70	88.40
90.0		8.00	8.00	2.11	15.12	42.16	79.90
75.0	四分位数	8.00	8.00	1.81	12.70	36.60	69.70
50.0	中位数	7.90	7.90	1.35	8.70	29.80	60.60
25.0	四分位数	7.50	7.50	0.38	5.50	24.20	51.90
10.0		6.88	7.43	0.21	1.78	16.16	48.26
2.5		6.00	7.00	0.11	0.70	9.10	37.70
0.5		6.00	7.00	0.11	0.70	9.10	37.70
0.0	最小值	6.00	7.00	0.11	0.70	9.10	37.70
	均值	7.63	7.76	1.20	8.76	29.62	61.63
	标准差	0.48	0.27	0.72	4.74	9.76	12.09
	均值标准误差	0.08	0.05	0.12	0.80	1.65	2.04
	均值95%上限	7.80	7.85	1.45	10.39	32.97	65.78
	均值95%下限	7.47	7.66	0.95	7.13	26.26	57.48
	数目	35	32	35	35	35	35

*为剔除离群值后的样本。

3.2.2 河口沉积物有机质含量

大辽河河口沉积物样本有机质（OM）含量范围为 0.11%～2.39%，平均值和中位值分别为 1.20%和 1.35%，平均值 95%置信区间为 0.95%～1.45%（表 3.6）。大辽河河口沉积物样本有机质含量表现为非正态分布和对数正态分布特点（图 3.27）。

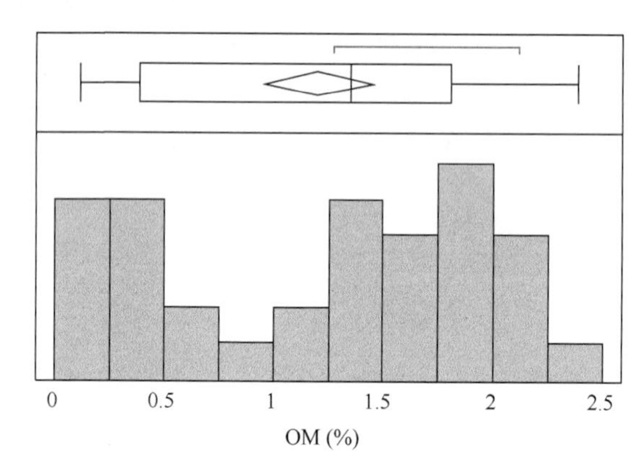

图 3.27 大辽河河口沉积物有机质（OM）含量统计分布特征

3.2.3 河口沉积物机械组成

大辽河河口沉积物黏粒、粉粒、砂粒含量变化范围分别为 0.70%～17.40%、9.10%～51.70%、37.70%～88.40%，其中位值分别为 8.70%、29.80%、60.60%，平均值分别为 8.76%、29.62%、61.63%（表 3.6），中位值含量与平均值含量非常接近。总体上，沉积物质地为砂壤质。黏粒含量表现为非正态分布特点，而粉粒和砂粒含量表现为正态分布特征（图 3.28）。

3.2.4 河口沉积物主量元素含量

大辽河河口沉积物 Fe 含量范围为 0.67%～4.19%，平均值和中位值分别为 2.61%和 2.91%，平均值 95%置信区间为 2.26%～2.97%（表 3.7）。大辽河河口沉积物 Fe 含量表现为非正态分布特征（图 3.29）。大辽河河口沉积物 Al 含量范围为 4.87%～7.97%，平均值和中位值分别为 6.81%和 7.31%，平均值 95%置信区间为 6.47%～7.15%（表 3.7）。大辽河河口沉积物 Al 含量也表现为非正态分布特征（图 3.29）。

大辽河河口沉积物 Ca 含量表现为非正态分布特征，在两侧存在极低和极高离群值（图 3.30）。Ca 含量变化范围为 0.75%～2.02%，平均值和中位值分别为 1.20%和 1.11%（表 3.7）。去除离群值后，大辽河河口沉积物 Ca 含量表现为近似

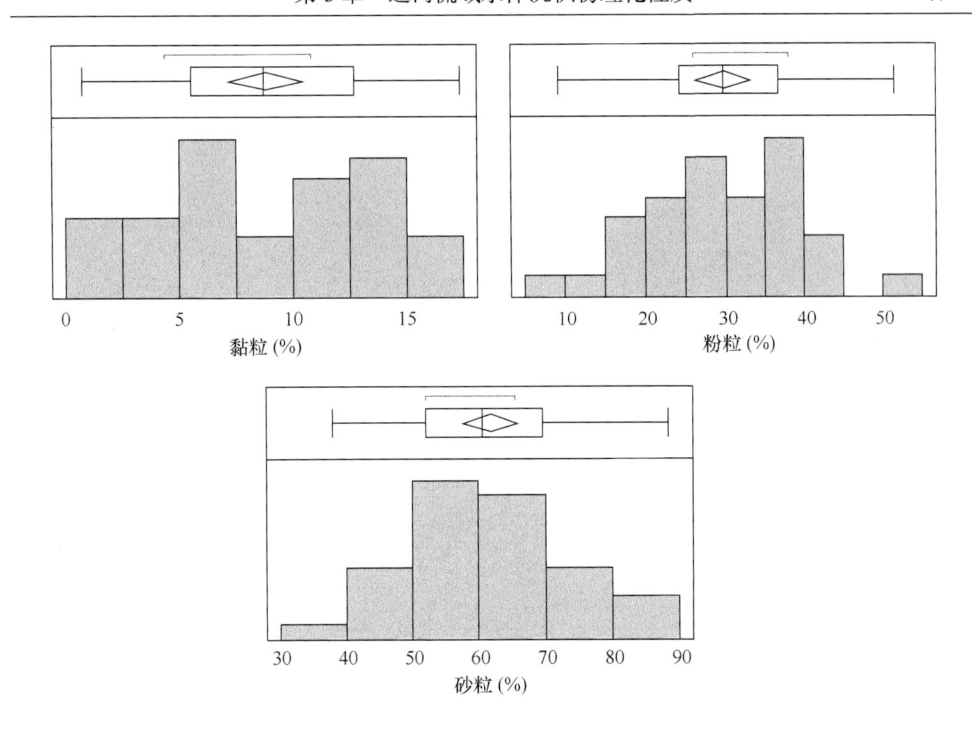

图 3.28　大辽河河口沉积物样本黏粒、粉粒、砂粒含量统计分布特征

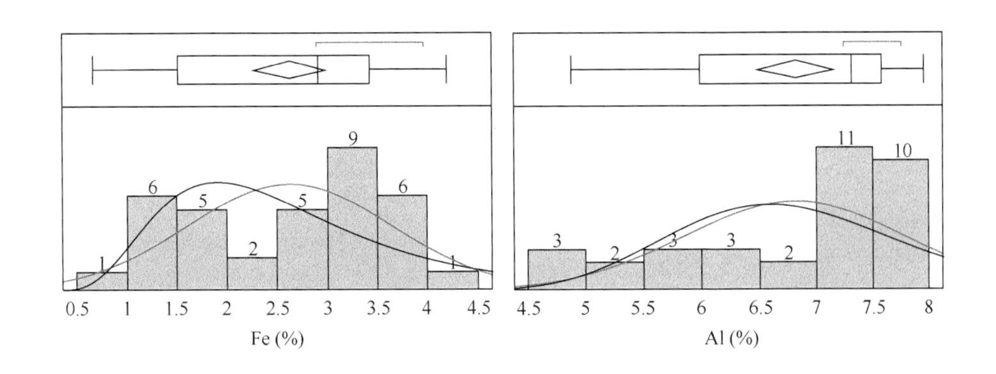

图 3.29　辽河流域水体沉积物 Fe、Al 含量统计分布特征

正态分布特征，含量范围为 0.93%～1.22%，平均值和中位值分别为 1.09%和 1.09%，平均值 95%置信区间为 1.06%～1.12%。大辽河河口沉积物 Mg 含量也表现为非正态分布特征（图 3.30），含量变化范围为 0.34%～1.67%，平均值和中位值分别为 1.23%和 1.40%（表 3.7）。

表 3.7　大辽河河口沉积物 Fe、Al、Ca、Mg、Na、K 含量（%）统计参数

分位数（%）	统计量	Fe	Al	Ca	Ca*	Mg	Na	K	K*
100.0	最大值	4.19	7.97	2.02	1.22	1.67	3.22	2.87	2.58
99.5		4.19	7.97	2.02	1.22	1.67	3.22	2.87	2.58
97.5		4.19	7.97	2.02	1.22	1.67	3.22	2.87	2.58
90.0		3.81	7.71	1.69	1.21	1.59	3.03	2.56	2.54
75.0	四分位数	3.42	7.58	1.22	1.14	1.52	2.65	2.50	2.49
50.0	中位数	2.91	7.31	1.11	1.09	1.40	2.28	2.43	2.43
25.0	四分位数	1.52	5.98	1.06	1.05	0.87	2.10	2.39	2.39
10.0		1.17	5.09	0.98	0.98	0.70	1.90	2.34	2.34
2.5		0.67	4.87	0.75	0.93	0.34	1.63	2.29	2.29
0.5		0.67	4.87	0.75	0.93	0.34	1.63	2.29	2.29
0.0	最小值	0.67	4.87	0.75	0.93	0.34	1.63	2.29	2.29
	均值	2.61	6.81	1.20	1.09	1.23	2.38	2.46	2.43
	标准差	1.02	0.97	0.27	0.08	0.37	0.41	0.12	0.07
	均值标准误差	0.17	0.17	0.04	0.01	0.06	0.07	0.02	0.01
	均值 95%上限	2.97	7.15	1.29	1.12	1.36	2.53	2.50	2.46
	均值 95%下限	2.26	6.47	1.11	1.06	1.11	2.24	2.42	2.41
	数目	35	34	35	26	35	35	35	33

*为剔除离群值之后的样本。

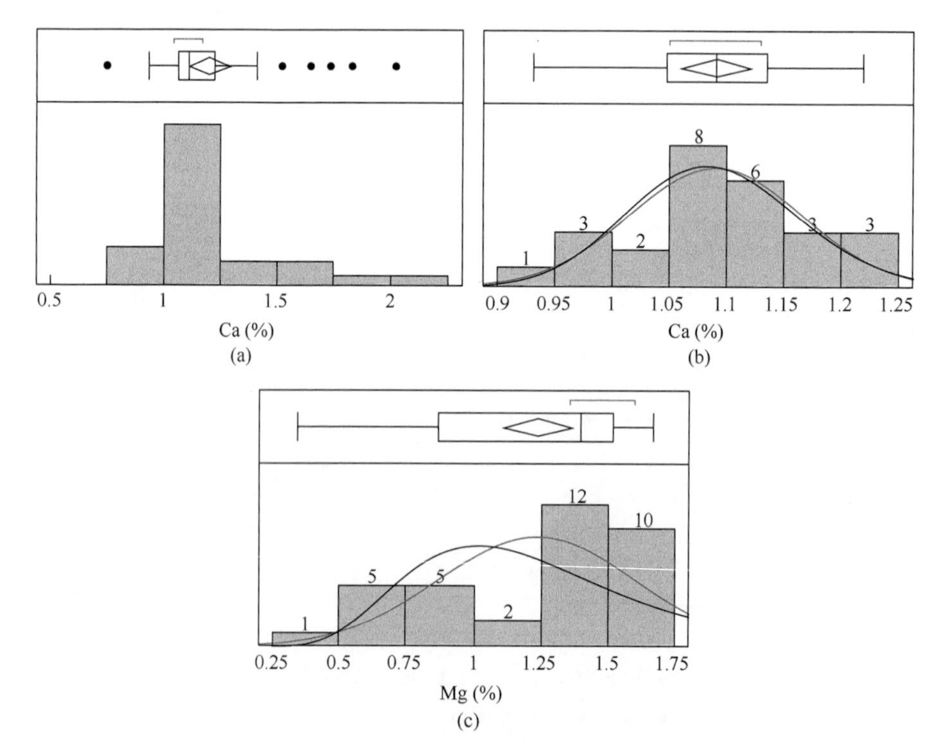

图 3.30　辽河流域水体沉积物 Ca、Mg 含量统计分布特征

(a) Ca 含量总样本频率分布；(b)剔除(a)图离群值后的 Ca 含量频率分布；(c) Mg 含量总样本频率分布

大辽河河口沉积物 Na 含量基本表现为正态分布特征（图 3.31），平均值和中位值分别为 2.38%和 2.28%，含量变化范围为 1.63%～3.22%，平均值 95%置信区间为 2.24%～2.53%。大辽河河口沉积物 K 含量表现为非正态分布特征，在高值侧存在极高离群值（图 3.31）。K 含量变化范围为 2.29%～2.87%，平均值和中位值分别为 2.46%和 2.43%（表 3.7）。去除离群值后，大辽河河口沉积物 K 含量基本表现为正态分布特征，含量范围为 2.29%～2.58%，平均值和中位值分别为 2.43%和 2.43%，平均值 95%置信区间为 2.41%～2.46%。

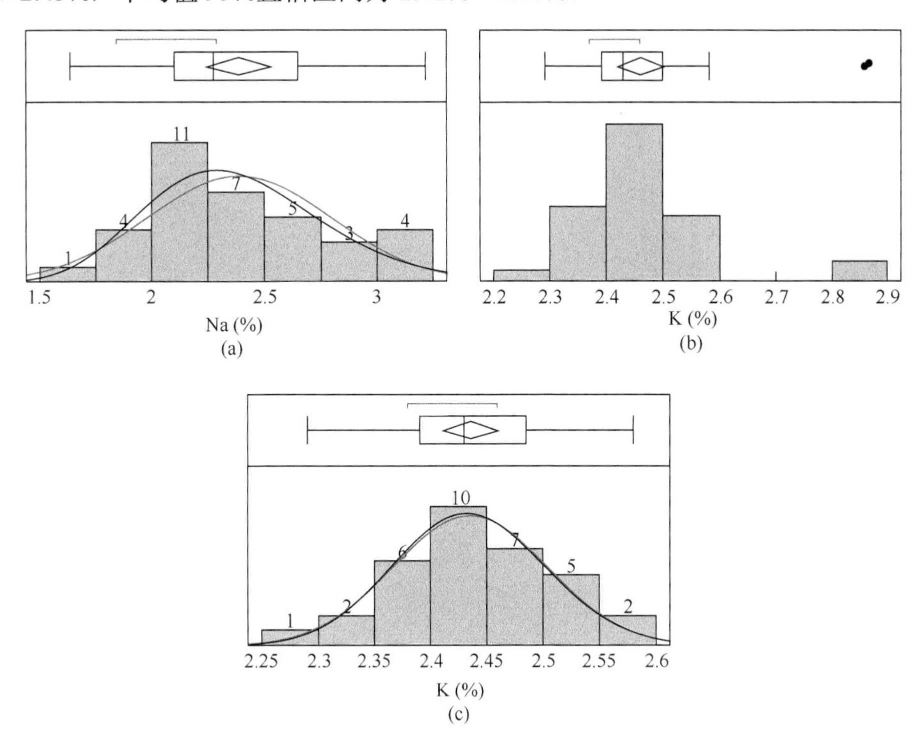

图 3.31 辽河流域水体沉积物 Na、K 含量统计分布特征

(a) Na 含量总样本频率分布；(b) K 含量总样本频率分布；(c) 剔除(b) 图离群值后的 K 含量频率分布

3.2.5 河口沉积物钛锰钪元素含量

大辽河河口沉积物 Ti 含量表现为非正态分布特征，在低值侧存在极低离群值（图 3.32）。Ti 含量变化范围为 765.00～4052.00 mg/kg，平均值和中位值分别为 3185.91 mg/kg 和 3470.00 mg/kg（表 3.8）。去除离群值后，大辽河河口沉积物 Ti 含量仍然表现为非正态分布特征，含量范围为 2094.00～4052.00 mg/kg，平均值和中位值分别为 3379.94 mg/kg 和 3506.00 mg/kg，平均值 95%置信区间为 3192.38～3567.50 mg/kg。

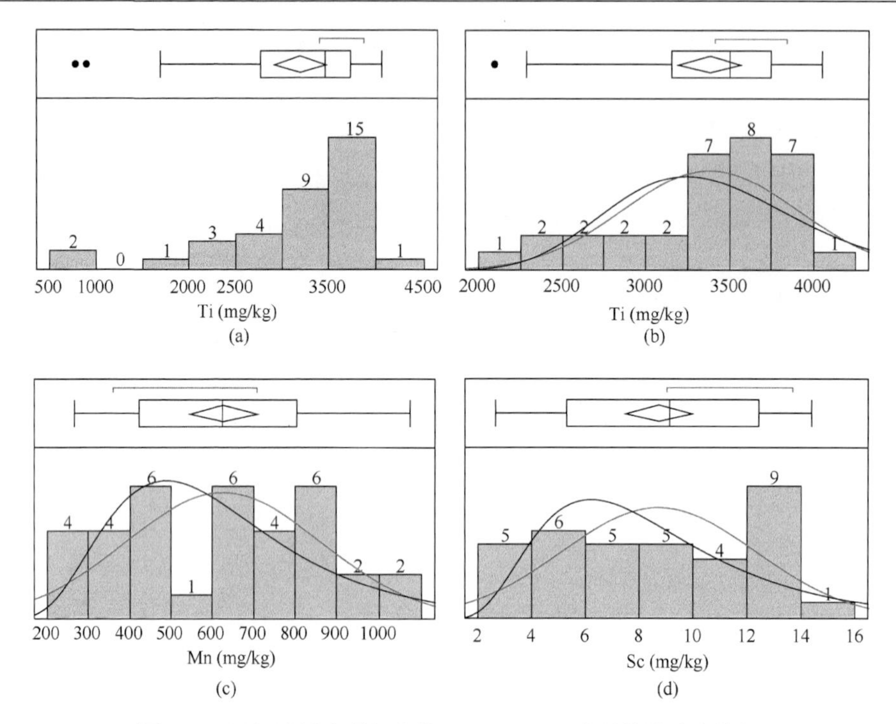

图 3.32　辽河流域水体沉积物 Ti、Mn、Sc 含量统计分布特征

(a) Ti 含量总样本频率分布；(b)剔除(a)图离群值后的 Ti 含量频率分布；(c) Mn 含量总样本频率分布；(d) Sc 含量总样本频率分布

表 3.8　大辽河河口沉积物 Ti、Mn、Sc 含量（mg/kg）统计参数

分位数（%）	统计量	Ti	Ti*	Mn	Sc
100.0	最大值	4052.00	4052.00	1073.00	14.38
99.5		4052.00	4052.00	1073.00	14.38
97.5		4052.00	4052.00	1073.00	14.38
90.0		3904.20	3932.10	964.94	13.04
75.0	四分位数	3732.00	3752.25	803.50	12.42
50.0	中位数	3470.00	3506.00	622.80	9.16
25.0	四分位数	2773.00	3156.75	422.20	5.29
10.0		1930.80	2455.40	279.06	3.86
2.5		765.00	2094.00	264.70	2.60
0.5		765.00	2094.00	264.70	2.60
0.0	最小值	765.00	2094.00	264.70	2.60
	均值	3185.91	3379.94	623.92	8.70
	标准差	821.39	520.23	238.58	3.63
	均值标准误差	138.84	91.96	40.33	0.61
	均值 95%上限	3468.07	3567.50	705.88	9.94
	均值 95%下限	2903.76	3192.38	541.96	7.45
	数目	35	32	35	35

*为剔除离群值之后的样本。

大辽河河口沉积物 Mn 含量表现为非正态分布特征（图 3.32），含量变化范围为 264.70～1073.00 mg/kg，平均值和中位值分别为 623.92 mg/kg 和 622.80 mg/kg（表 3.8），平均值 95%置信区间为 541.96～705.88 mg/kg。大辽河河口沉积物 Sc 含量也表现为非正态分布特征（图 3.32），含量变化范围为 2.60～14.38 mg/kg，平均值和中位值分别为 8.70 mg/kg 和 9.16 mg/kg（表 3.8），平均值 95%置信区间为 7.45～9.94 mg/kg。

3.3　辽河水系、大辽河水系及河口沉积物理化性质比较

采用 JMP 软件的 Tukey-Kramer HSD（honestly significant difference）方法检验辽河水系、大辽河水系及河口沉积物理化性质差异性。

3.3.1　pH 差异

辽河水系沉积物 pH 平均值略高于大辽河水系沉积物 pH 平均值，而大辽河水系沉积物 pH 平均值略高于河口沉积物 pH 平均值。单因子方差分析表明，辽河水系沉积物 pH 显著高于河口沉积物 pH；但是辽河水系沉积物 pH 与大辽河水系沉积物 pH、大辽河水系沉积物 pH 与河口沉积物 pH 之间不存在显著差异（图 3.33）。

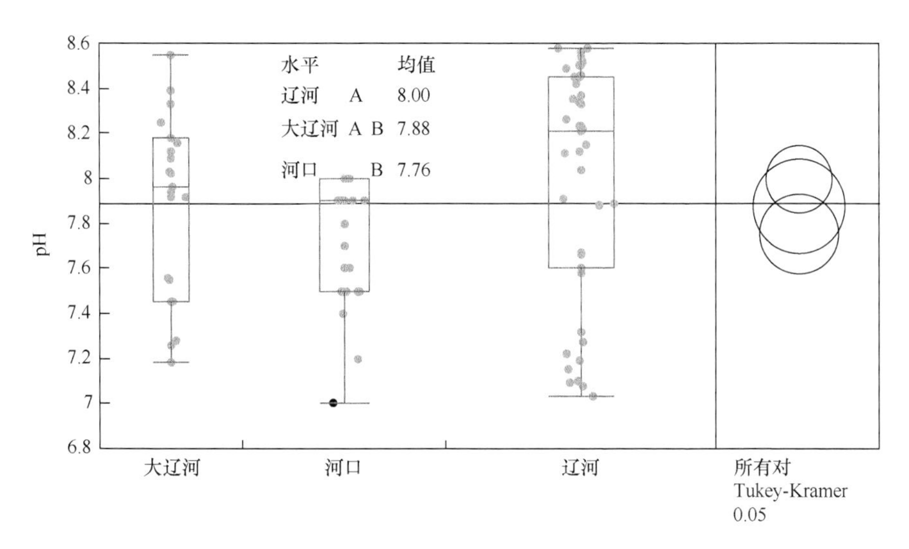

图 3.33　辽河水系、大辽河水系及河口沉积物 pH 差异

相同字母代表差异不显著，不同字母代表差异显著

3.3.2 有机质含量差异

辽河水系沉积物有机质含量平均值高于大辽河水系沉积物，而大辽河水系沉积物有机质含量平均值高于河口沉积物。单因子方差分析表明，辽河水系沉积物有机质含量显著高于河口沉积物；但是辽河水系沉积物与大辽河水系沉积物、大辽河水系沉积物与河口沉积物之间的有机质含量不存在显著差异（图 3.34）。

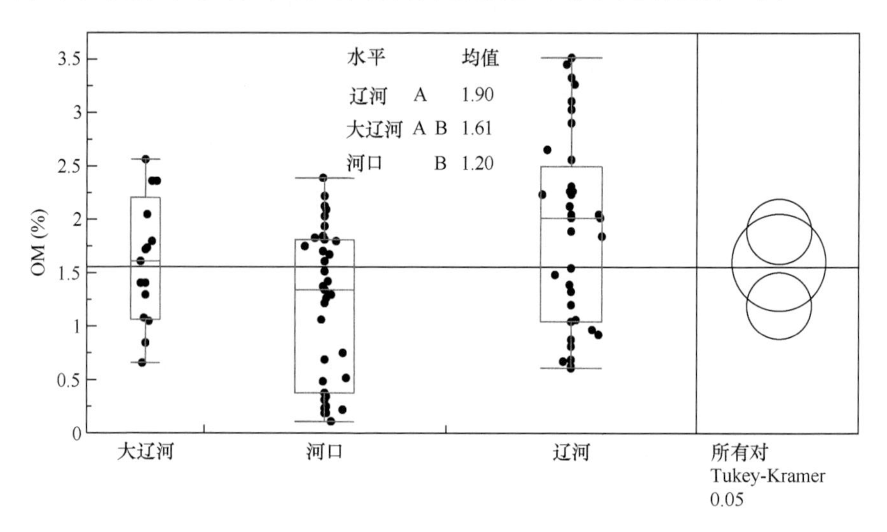

图 3.34　辽河水系、大辽河水系及河口沉积物有机质含量差异

相同字母代表差异不显著，不同字母代表差异显著

3.3.3 沉积物质地差异

大辽河河口沉积物黏粒含量平均值高于大辽河水系沉积物，而大辽河水系沉积物黏粒含量平均值略高于辽河水系沉积物。方差分析表明，大辽河河口沉积物黏粒含量显著高于大辽河水系沉积物和辽河水系沉积物，后两者之间黏粒含量没有显著差异（图 3.35）。

与黏粒含量相似，大辽河河口沉积物粉粒含量平均值高于大辽河水系沉积物，而大辽河水系沉积物粉粒含量平均值略高于辽河水系沉积物。方差分析表明，大辽河河口沉积物粉粒含量显著高于大辽河水系沉积物和辽河水系沉积物，后两者之间粉粒含量没有显著差异（图 3.35）。

大辽河河口沉积物砂粒含量平均值低于辽河水系沉积物，而辽河水系沉积物砂粒含量平均值略低于大辽河水系沉积物。方差分析表明，大辽河河口沉积物砂粒含量显著低于大辽河水系沉积物和辽河水系沉积物，后两者之间砂粒含量没有显著差异（图 3.35）。

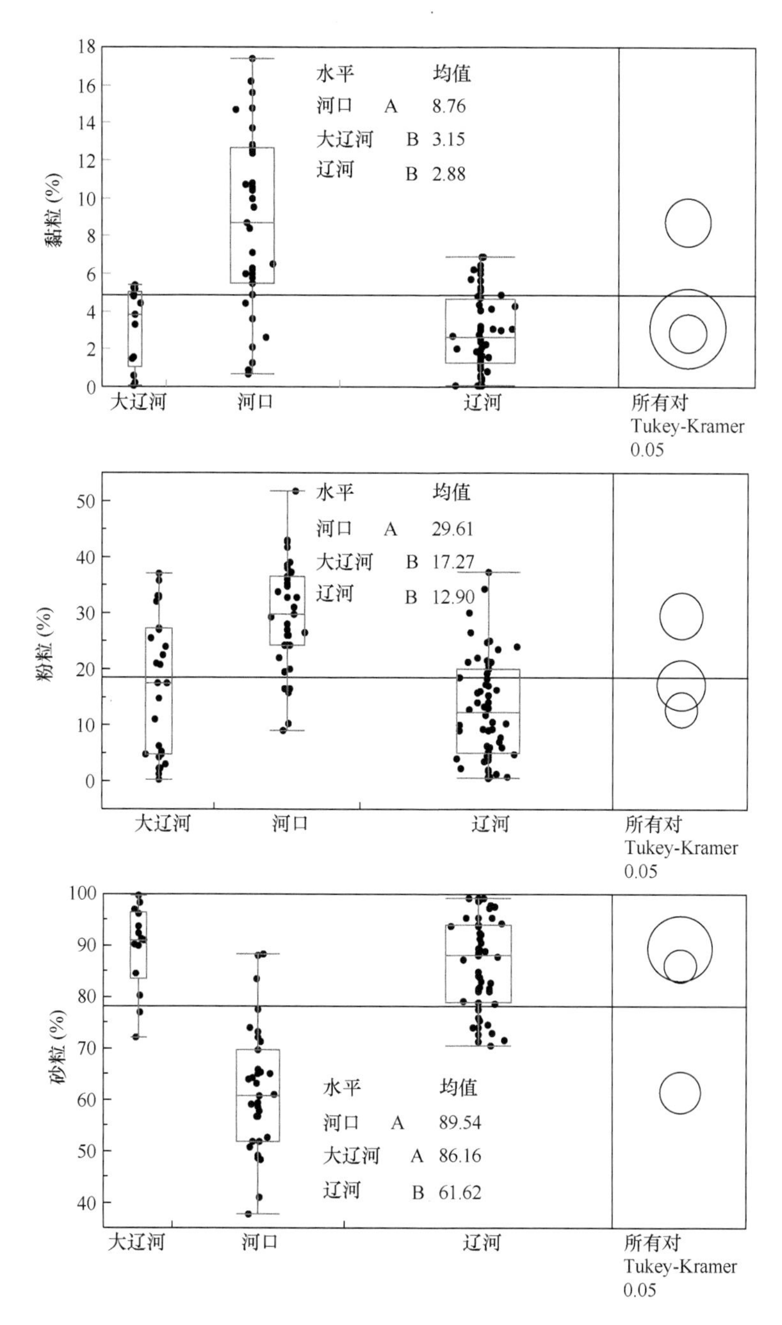

图 3.35　辽河水系、大辽河水系及河口沉积物黏粒、粉粒、砂粒含量差异

相同字母代表差异不显著，不同字母代表差异显著

3.3.4　主量元素含量差异

大辽河水系沉积物 Fe 含量平均值略高于大辽河河口沉积物，大辽河河口沉积物 Fe 含量平均值高于辽河水系。方差分析表明，大辽河水系沉积物和河口沉积物 Fe 含量显著高于辽河水系沉积物，但是前两者之间 Fe 含量没有显著差异（图 3.36）。

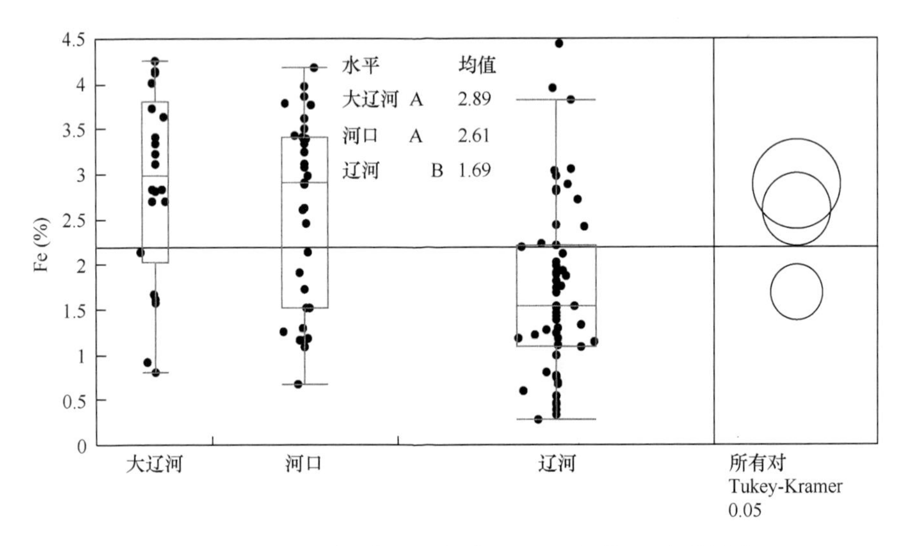

图 3.36　辽河水系、大辽河水系及河口沉积物 Fe 含量差异

相同字母代表差异不显著，不同字母代表差异显著

大辽河河口沉积物 Al 含量平均值略高于大辽河水系沉积物，大辽河水系沉积物 Al 含量平均值略高于辽河水系沉积物。方差分析表明，大辽河河口沉积物 Al 含量显著高于辽河水系沉积物；但是大辽河河口沉积物与大辽河水系沉积物，大辽河水系沉积物与辽河水系沉积物之间 Al 含量差异不显著（图 3.37）。

大辽河水系沉积物 Ca 含量平均值高于辽河水系沉积物，辽河水系沉积物 Ca 含量平均值高于大辽河河口沉积物。方差分析表明，大辽河水系沉积物 Ca 含量显著高于辽河水系沉积物和大辽河河口沉积物，但是后两者之间 Ca 含量没有显著差异（图 3.38）。

大辽河河口沉积物 Mg 含量平均值高于大辽河水系沉积物，大辽河水系沉积物 Mg 含量平均值高于辽河水系沉积物。方差分析进一步表明，大辽河河口沉积物 Mg 含量显著高于大辽河水系沉积物，而大辽河水系沉积物 Mg 含量显著高于辽河水系沉积物（图 3.39）。

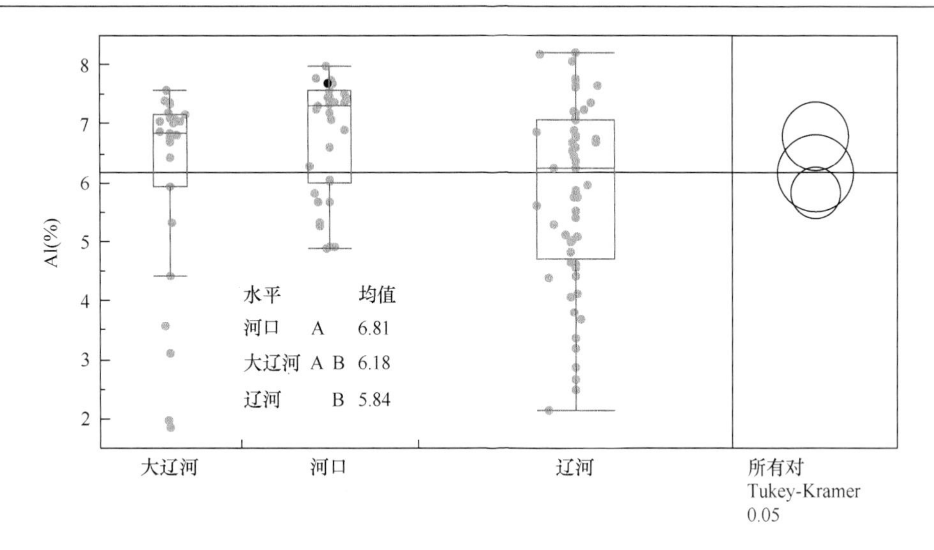

图 3.37　辽河水系、大辽河水系及河口沉积物 Al 含量差异
相同字母代表差异不显著，不同字母代表差异显著

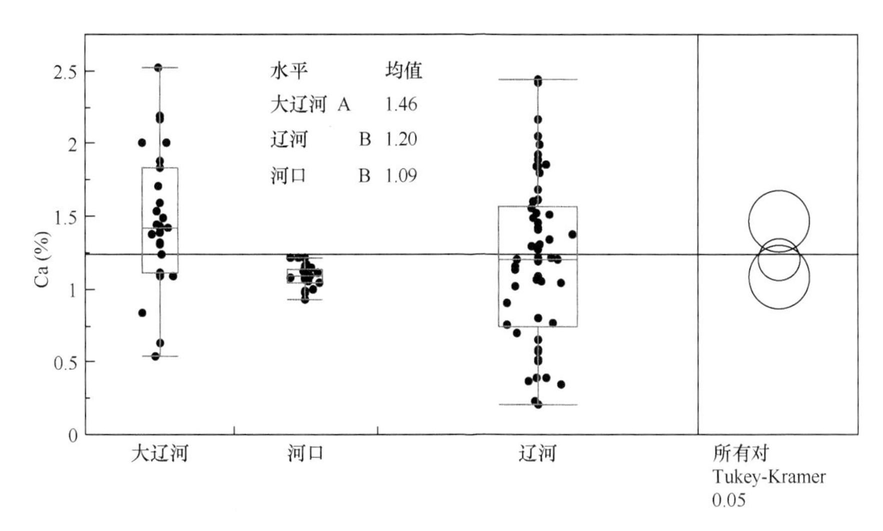

图 3.38　辽河水系、大辽河水系及河口沉积物 Ca 含量差异
相同字母代表差异不显著，不同字母代表差异显著

大辽河河口沉积物 Na 含量平均值高于大辽河水系沉积物，后者 Na 含量平均值略高于辽河水系沉积物。方差分析进一步表明，大辽河河口沉积物 Na 含量显著高于大辽河水系沉积物和辽河水系沉积物，后两者之间 Na 含量差异不显著（图 3.40）。

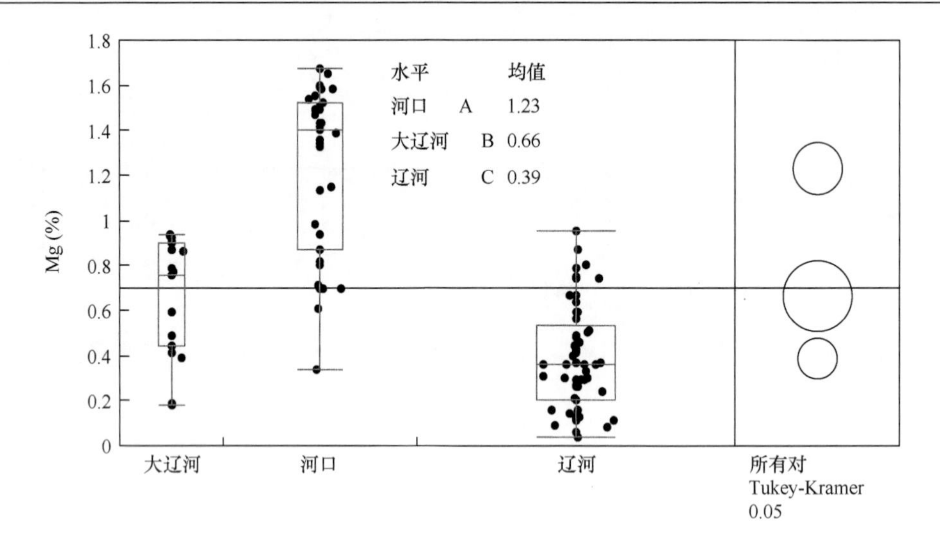

图 3.39　辽河水系、大辽河水系及河口沉积物 Mg 含量差异

相同字母代表差异不显著，不同字母代表差异显著

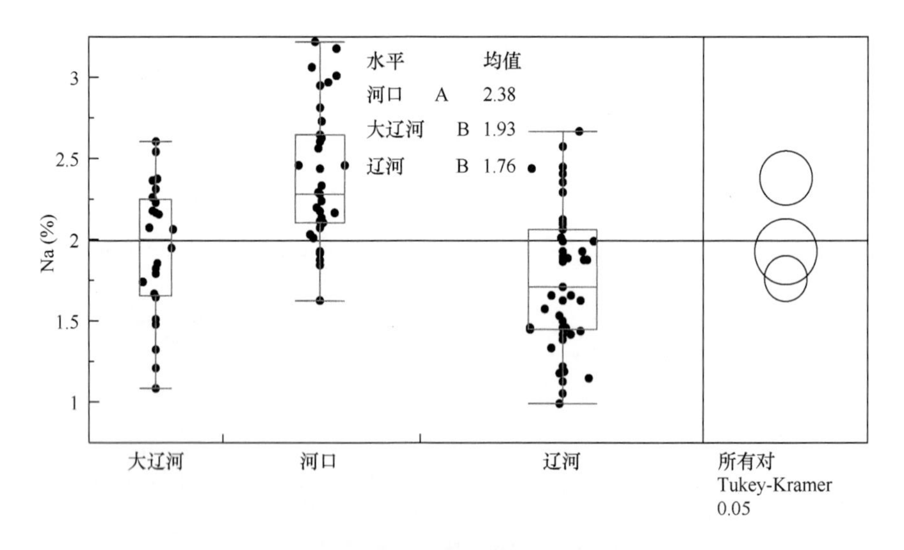

图 3.40　辽河水系、大辽河水系及河口沉积物 Na 含量差异

相同字母代表差异不显著，不同字母代表差异显著

大辽河河口沉积物 K 含量平均值略高于辽河水系沉积物，辽河水系沉积物 K 含量平均值高于大辽河水系沉积物。方差分析进一步表明，大辽河河口沉积物和辽河水系沉积物 K 含量显著高于大辽河水系沉积物，而前两者之间 K 含量差异不显著（图 3.41）。

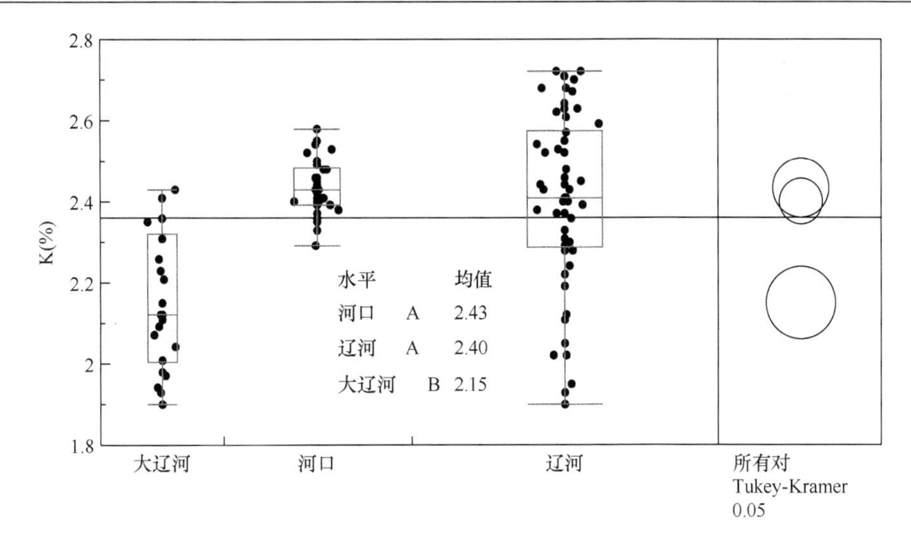

图 3.41　辽河水系、大辽河水系及河口沉积物 K 含量差异

相同字母代表差异不显著，不同字母代表差异显著

3.3.5　钛锰钪元素含量差异

大辽河河口沉积物 Ti 含量平均值最高，大辽河水系沉积物 Ti 含量平均值略高于辽河水系沉积物。方差分析进一步表明，大辽河河口沉积物 Ti 含量显著高于大辽河水系沉积物和辽河水系沉积物，但是后两者之间 Ti 含量差异不显著（图 3.42）。

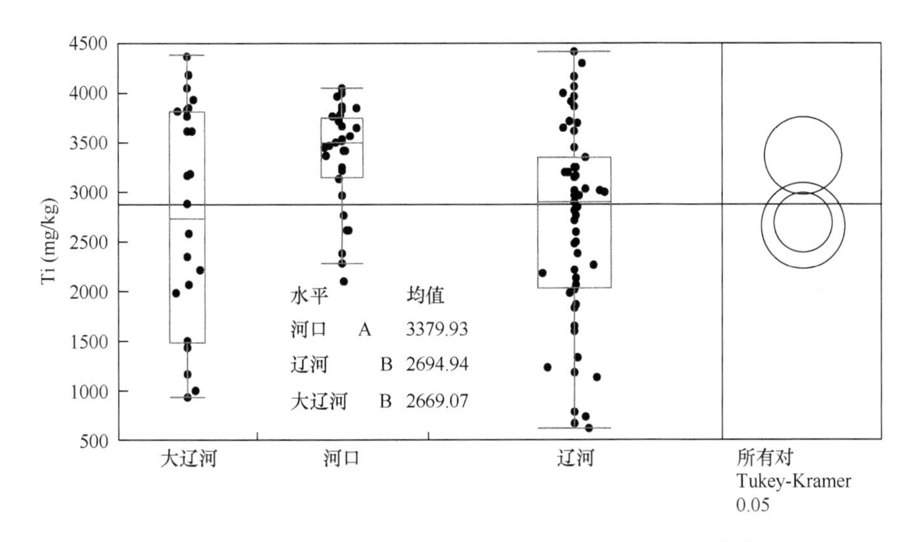

图 3.42　辽河水系、大辽河水系及河口沉积物 Ti 含量差异

相同字母代表差异不显著，不同字母代表差异显著

大辽河河口沉积物 Mn 含量平均值高于大辽河水系沉积物，大辽河水系沉积物 Mn 含量平均值高于辽河水系沉积物。统计分析表明，大辽河河口沉积物 Mn 含量显著高于大辽河水系沉积物和辽河水系沉积物，但是后两者之间 Mn 含量差异不显著（图 3.43）。

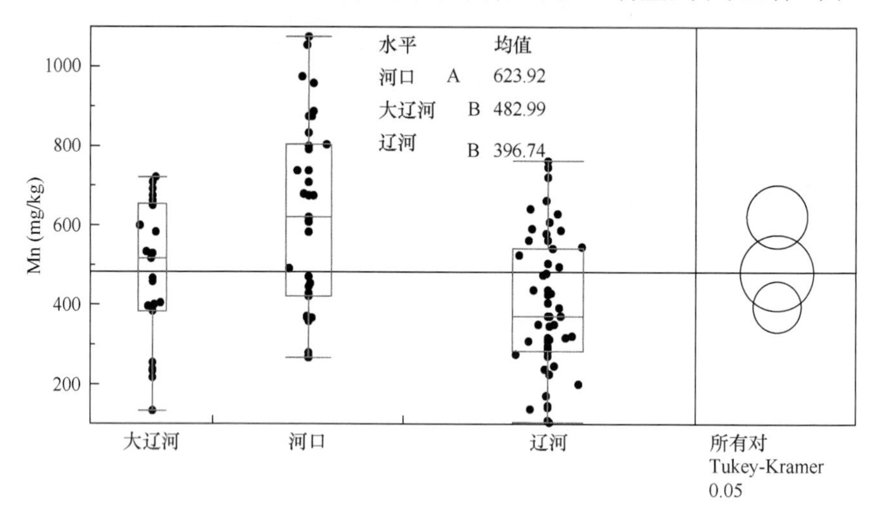

图 3.43 辽河水系、大辽河水系及河口沉积物 Mn 含量差异

相同字母代表差异不显著，不同字母代表差异显著

大辽河河口沉积物 Sc 含量平均值略高于大辽河水系沉积物，后者 Sc 含量平均值远高于辽河水系沉积物。方差分析进一步表明，大辽河河口沉积物和大辽河水系沉积物 Sc 含量显著高于辽河水系沉积物，但是前两者之间 Sc 含量差异不显著（图 3.44）。

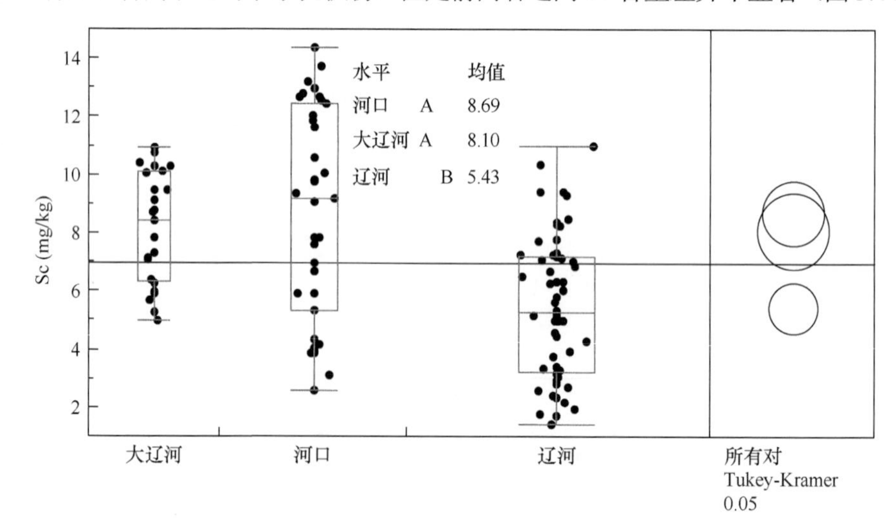

图 3.44 辽河水系、大辽河水系及河口沉积物 Sc 含量差异

相同字母代表差异不显著，不同字母代表差异显著

第 4 章　辽河流域水体沉积物砷分布特征

4.1　辽河流域河流沉积物砷分布特征

辽河流域河流沉积物 As 含量表现为非正态分布特征，高值侧存在若干极高离群值［图 4.1(a)］。辽河流域河流沉积物 As 含量范围为 1.09～83.09 mg/kg，平均值和中位值分别为 5.94 mg/kg 和 4.20 mg/kg，变异系数为 98%（表 4.1）。33 个采样点位沉积物 As 含量超过世界沉积物 As 的平均含量 5 mg/kg（Martin and Whitfield，1983）。12 个采样点位沉积物 As 含量高于辽宁省砷的土壤环境背景值 8.8 mg/kg（魏复盛等，1990）。

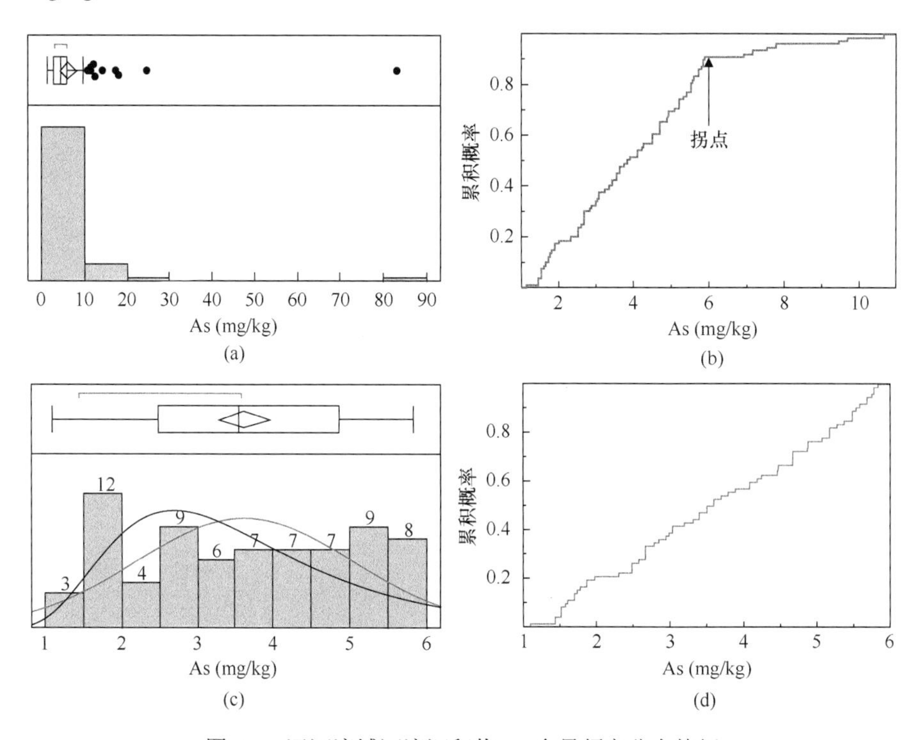

图 4.1　辽河流域河流沉积物 As 含量频率分布特征

(a)全部样本 As 含量频率分布；(b)剔除(a)图中离群值后的样本 As 含量累积频率，拐点右侧的沉积物样品可能受到人类活动的影响；(c)剔除(b)图中拐点右侧的样本后剩余样本 As 含量频率分布；(d)剔除(b)图中拐点右侧的样本后剩余样本 As 含量累积频率分布

表 4.1　辽河流域河流沉积物 As 含量统计参数

分位数（%）	统计量	As	As*	As**
100.0	最大值	83.09	10.60	5.83
99.5		83.09	10.60	5.83
97.5		22.97	9.61	5.78
90.0		11.28	5.83	5.56
75.0	四分位数	5.65	5.26	4.87
50.0	中位数	4.20	3.78	3.55
25.0	四分位数	2.66	2.57	2.48
10.0		1.68	1.60	1.58
2.5		1.43	1.43	1.37
0.5		1.09	1.09	1.09
0.0	最小值	1.09	1.09	1.09
	均值	5.94	4.03	3.61
	标准差	9.20	1.98	1.44
	均值标准误差	0.98	0.22	0.17
	均值 95%上限	7.88	4.47	3.95
	均值 95%下限	3.99	3.59	3.27
	数目	88	79	72

*为剔出离群值后的样本，**为剔出图 4.1(b)拐点右侧样品后的样本。

9 个极高离群值均属于大辽河水系沉积物，这可能是由于受到大辽河流域强烈的工业活动的影响。大辽河水系浑河上游 61 点位沉积物 As 含量最高（图 2.1，图 4.2），为 83.09 mg/kg，约为世界沉积物 As 平均含量的 14 倍，辽宁省土壤 As 背景值的 10 倍。该点位沉积物极高的 As 含量可能是因为受到周围采矿选矿废水排放的影响。位于 61 点位下游的 63 点位沉积物 As 含量也较高，为 11.28 mg/kg。该点位于抚顺市附近，城市废水排放可能导致了该城市河段沉积物的污染。此外，位于本溪下游的 75 点位、位于辽阳附近的 77 点位，位于鞍山附近的 82 点位沉积物 As 含量均比较高，分别为 17.95 mg/kg、12.02 mg/kg、24.43 mg/kg，这些点位也不同程度地受到城市工业生活污水排放的影响。位于大辽河河段的 85、86、87、88 点位沉积物 As 含量分别为 11.28 mg/kg、12.27 mg/kg、17.15 mg/kg、14.28 mg/kg。由于大辽河下游接受周围工业排放的废污水较多以及受上游排污的影响，可能导致了大辽河河段沉积物 As 含量较高。

剔除图 4.1(a)中的离群值后，剩余样品 As 含量累积频率分布如图 4.1(b)所示，As 含量累积频率曲线基本表现为两段线性范围。拐点左侧的沉积物样品中 As 基本可认为来自于岩石风化等自然源，而拐点右侧的沉积物样品中 As 含量可能受

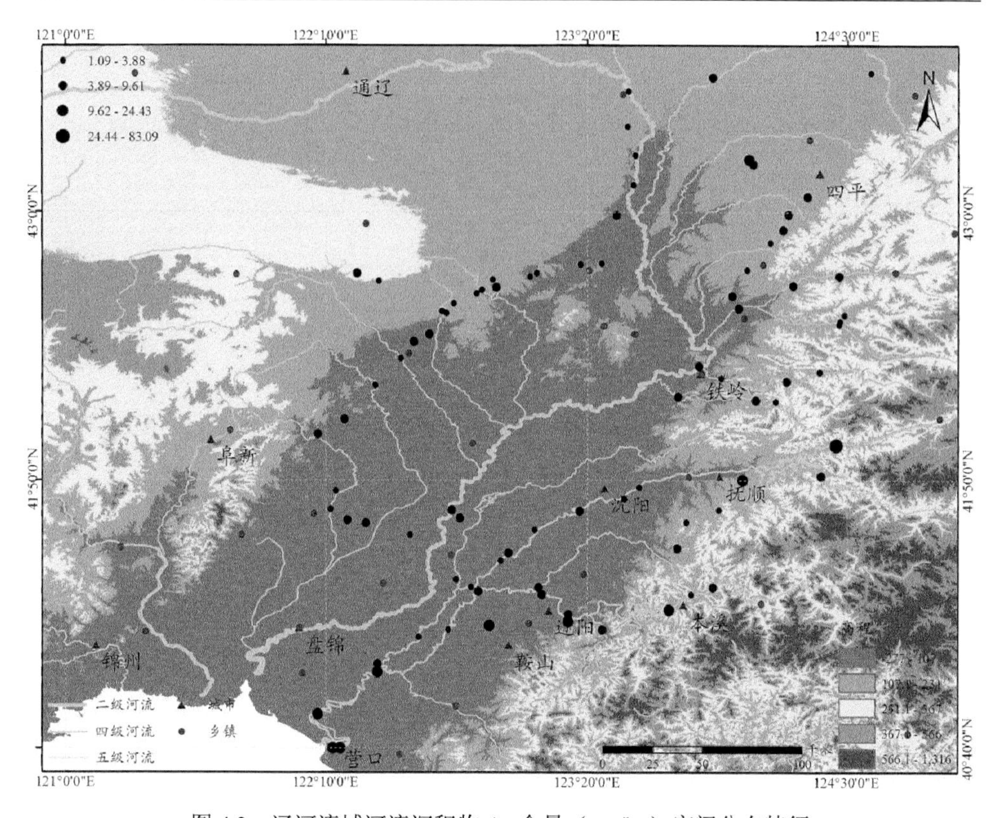

图 4.2　辽河流域河流沉积物 As 含量（mg/kg）空间分布特征

到了人为活动的影响。因此辽河流域河流沉积物自然起源的 As 含量上限为 5.83 mg/kg，接近世界沉积物 As 的平均含量 5 mg/kg。剔除离群值和拐点右侧的高值后，辽河流域河流沉积物 As 含量仍然表现为非正态分布特点［图 4.1(c)］，As 含量范围为 1.09～5.83 mg/kg，平均值和中位值分别为 3.61 mg/kg 和 3.55 mg/kg，平均值 95%置信区间为 3.27～3.95 mg/kg（表 4.1）。

总体上，大辽河水系沉积物 As 含量高于辽河水系沉积物。大辽河水系河流下游沉积物 As 污染高于上游，而上游河流中支流沉积物 As 含量通常高于干流沉积物；同时，城市工业及生活污水的排放是城市河段沉积物 As 含量普遍较高的原因。

4.2　大辽河河口沉积物砷分布特征

大辽河河口沉积物 As 含量表现为非正态分布特征（图 4.3），含量范围为 4.61～19.13 mg/kg，平均值和中位值分别为 11.41 mg/kg 和 10.68 mg/kg，平均值

95%置信区间为 9.81～13.01 mg/kg（表 4.2）。大辽河河口沉积物的 As 含量低于国家海洋沉积物标准中砷浓度限值（20 mg/kg）（马德毅和王菊英，2003），也低于 1978 年所监测的渤海湾沉积物中 As 含量平均值 15.3 mg/kg（范围为 10.0～20.9 mg/kg）（廖先贵，1985）。

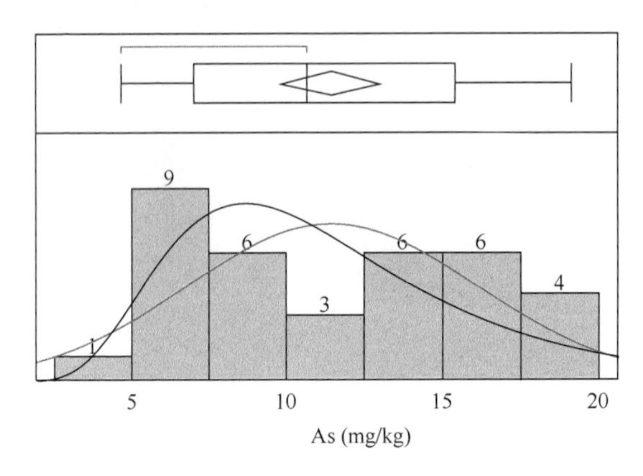

图 4.3　大辽河河口沉积物 As 含量统计分布特征

表 4.2　大辽河河口沉积物 As 含量统计参数

分位数（%）	统计量	As
100.0	最大值	19.13
99.5		19.13
97.5		19.13
90.0		18.05
75.0	四分位数	15.40
50.0	中位数	10.68
25.0	四分位数	6.99
10.0		5.63
2.5		4.61
0.5		4.61
0.0	最小值	4.61
	均值	11.41
	标准差	4.66
	均值标准误差	0.79
	均值 95%上限	13.01
	均值 95%下限	9.81
	数目	35

4.3　辽河流域河流与河口沉积物砷含量比较

剔除离群值前，大辽河河口沉积物 As 平均含量略高于大辽河水系沉积物 As 平均含量，但是两者之间没有显著差异［图 4.4(a)］。但是大辽河河口和大辽河水系沉积物 As 平均值显著高于辽河水系沉积物，前两者的平均值分别为 11.41 mg/kg 和 10.35 mg/kg，而后者的平均值仅为 3.87 mg/kg。这进一步表明大辽河水系受到人为活动的影响比较强烈，导致了部分点位沉积物 As 含量升高。

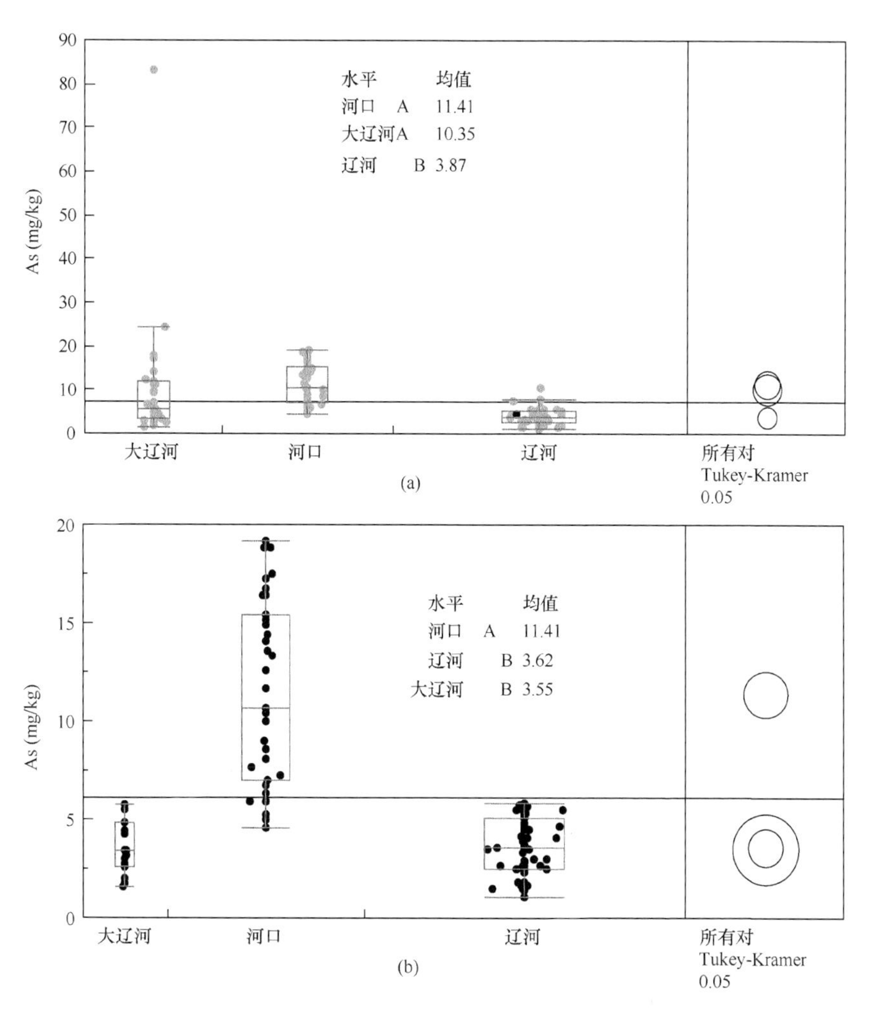

图 4.4　辽河水系、大辽河水系及河口沉积物砷含量差异

相同字母代表差异不显著，不同字母代表差异显著

(a)全本样本；(b)剔除离群值和异常值后的样本

剔除图 4.4(a)中的异常值后，大辽河河口沉积物 As 平均含量显著高于大辽河水系和辽河水系沉积物 As 平均含量，前者 As 平均含量为 11.40 mg/kg，而后两者 As 平均含量分别为 3.62 mg/kg 和 3.55 mg/kg。这进一步表明，人为来源的 As 经大辽河水系输送到大辽河河口后，在河口水动力作用下，比较均匀地积累于河口区沉积物中，导致河口沉积物 As 含量整体升高。

4.4 沉积物中砷的存在形态

4.4.1 大辽河水系沉积物中砷的赋存形态

本研究采用 Wenzel 等（2001）提出的五步连续提取法，对大辽河水系及河口所有沉积物样品中砷的存在形态进行了分析。沉积物中砷的形态为：非专性吸附态砷（F1）、专性吸附态砷（F2）、非晶质铁铝氧化物结合态砷（F3）、晶质铁铝氧化物结合态砷（F4）和残渣态砷（F5）。大辽河水系沉积物中，砷的各形态 F1、F2、F3、F4 和 F5 的含量范围分别是 0.01～2.10 mg/kg、0.25～15.60 mg/kg、0.68～31.12 mg/kg、0.18～10.37 mg/kg 和 0.08～23.90 mg/kg，其平均含量分别是 0.22 mg/kg、2.35 mg/kg、5.10 mg/kg、2.07 mg/kg 和 3.18 mg/kg，砷的各形态分别占总砷的质量百分比为 1.23%、18.19%、43.79%、19.18%和 21.37%（表 4.3，图 4.5），各形态砷的含量大小顺序为 F3＞F5＞F4＞F2＞F1。所以，非晶质铁铝氧化物结合态砷的含量占总砷的比例最高，是砷在沉积物中的主要存在形态。

表 4.3 大辽河水系表层沉积物中各形态砷含量及占砷总量的百分比

样点	河流	总砷及各形态砷的含量（mg/kg）						各形态砷占总砷的百分比（%）				
		F1	F2	F3	F4	F5	TAs	F1	F2	F3	F4	F5
61	H1	2.10	15.60	31.12	10.37	23.90	83.09	2.53	18.77	37.45	12.49	28.76
64	H2	0.07	0.35	0.87	0.35	0.13	1.77	3.77	19.54	49.37	19.81	7.51
65	H3	0.02	0.25	1.35	0.87	0.09	2.57	0.64	9.71	52.40	33.68	3.57
66	H4	0.06	1.81	3.65	2.44	1.65	9.61	0.62	18.79	37.98	25.42	17.20
67	H5	0.01	0.49	0.68	0.32	0.08	1.57	0.55	30.90	43.05	20.60	4.90
69	H6	0.06	0.57	1.68	0.54	0.34	3.19	1.84	17.98	52.70	16.94	10.54
70	H7	0.08	0.33	1.38	0.36	0.82	2.98	2.68	11.22	46.40	12.24	27.45
72	H8	0.06	0.44	0.68	0.39	0.41	1.97	2.91	22.11	34.42	19.76	20.80
62	HB1	0.03	1.09	2.04	1.19	0.10	4.45	0.77	24.49	45.84	26.74	2.16
63	HB2	0.09	2.04	5.60	2.28	1.28	11.28	0.78	18.06	49.65	20.20	11.31
68	HB3	0.20	1.28	2.12	1.39	4.38	9.37	2.19	13.61	22.62	14.88	46.71
71	HB4	0.01	0.63	1.30	0.63	0.21	2.78	0.53	22.48	46.76	22.77	7.46
	平均值	0.23	2.07	4.37	1.76	2.78	11.22	2.07	18.46	38.97	15.71	24.79
	标准差	0.59	4.30	8.54	2.81	6.76	22.89	1.14	5.81	8.77	6.18	13.24

续表

样点	河流	总砷及各形态砷的含量（mg/kg）						各形态砷占总砷的百分比（%）				
		F1	F2	F3	F4	F5	TAs	F1	F2	F3	F4	F5
	变异系数（%）	254.02	207.65	195.33	159.43	243.13	204.03	55.14	31.50	22.50	39.33	53.39
	最大值	2.10	15.60	31.12	10.37	23.90	83.09	3.77	30.90	52.70	33.68	46.71
	最小值	0.01	0.25	0.68	0.32	0.08	1.57	0.53	9.71	22.62	12.24	2.16
73	T1	0.02	0.44	1.74	1.23	0.81	4.23	0.57	10.33	41.04	28.98	19.09
74	T2	0.02	0.31	1.89	0.73	0.44	3.39	0.54	9.09	55.66	21.66	13.06
75	T3	0.15	3.27	8.75	4.01	1.77	17.95	0.85	18.23	48.73	22.33	9.85
77	T4	0.03	0.46	1.91	0.18	2.29	4.87	0.55	9.46	39.31	3.69	46.97
79	T5	0.03	1.35	2.71	0.73	0.90	5.74	0.59	23.59	47.29	12.79	15.74
81	T6	0.01	0.50	3.32	0.41	0.63	4.87	0.31	10.23	68.25	8.37	12.85
83	T7	0.02	0.52	1.92	0.52	0.41	3.39	0.62	15.24	56.66	15.41	12.06
76	TB1	0.02	0.93	1.09	0.18	4.85	7.07	0.26	13.15	15.47	2.53	68.59
78	TB2	0.03	1.14	4.69	3.15	3.00	12.02	0.26	9.51	39.00	26.24	24.99
80	TB3	0.07	1.22	1.84	1.21	1.18	5.52	1.25	22.08	33.39	21.84	21.44
82	TB4	0.14	3.35	11.08	5.62	4.24	24.43	0.57	13.73	45.35	23.00	17.34
	平均值	0.05	1.23	3.72	1.63	1.87	8.50	0.59	14.43	43.81	19.23	21.95
	标准差	0.05	1.09	3.25	1.81	1.56	6.86	0.30	5.48	14.52	9.31	18.86
	变异系数（%）	99.74	88.94	87.37	110.82	83.41	80.74	50.88	37.95	33.15	48.42	85.90
	最大值	0.15	3.35	11.08	5.62	4.85	24.43	1.25	23.59	68.25	28.98	68.59
	最小值	0.01	0.31	1.09	0.18	0.41	3.39	0.26	9.09	15.47	2.53	9.85
85	D1	0.04	2.03	4.88	1.62	2.72	11.28	0.32	17.95	43.25	14.39	24.08
86	D2	0.23	3.55	4.08	1.91	2.50	12.27	1.86	28.92	33.29	15.55	20.39
87	D3	0.18	3.92	7.07	2.99	2.99	17.15	1.07	22.87	41.23	17.41	17.42
88	D4	0.22	2.58	4.00	2.07	5.41	14.28	1.52	18.07	28.02	14.53	37.86
84	DB1	0.04	1.86	3.11	1.64	0.20	6.85	0.53	27.17	45.37	24.01	2.92
	平均值	0.14	2.79	4.63	2.05	2.76	12.37	1.13	22.54	37.43	16.56	22.34
	标准差	0.10	0.92	1.50	0.56	1.85	3.81	0.65	5.05	7.31	4.00	12.58
	变异系数（%）	68.78	32.83	32.46	27.22	66.94	30.84	57.22	22.42	19.53	24.18	56.31
	最大值	0.23	3.92	7.07	2.99	5.41	17.15	1.86	28.92	45.37	24.01	37.86
	最小值	0.04	1.86	3.11	1.62	0.20	6.85	0.32	17.95	28.02	14.39	2.92
	平均值	0.22	2.35	5.10	2.07	3.18	10.36	1.23	18.19	43.79	19.18	21.37
	标准差	0.39	2.91	5.84	2.12	4.50	15.35	0.01	0.06	0.11	0.07	0.15
	变异系数（%）	179.1	123.6	114.5	102.3	141.6	118.8	76.20	34.10	24.50	37.20	70.70
	最大值	2.10	15.60	31.12	10.37	23.90	83.09	3.77	30.90	68.25	33.68	68.59
	最小值	0.01	0.25	0.68	0.18	0.08	1.57	0.26	9.09	15.47	2.53	2.88

注：H 代表浑河，HB 代表浑河支流，T 代表太子河，TB 代表太子河支流，D 代表大辽河，DB 代表大辽河支流。

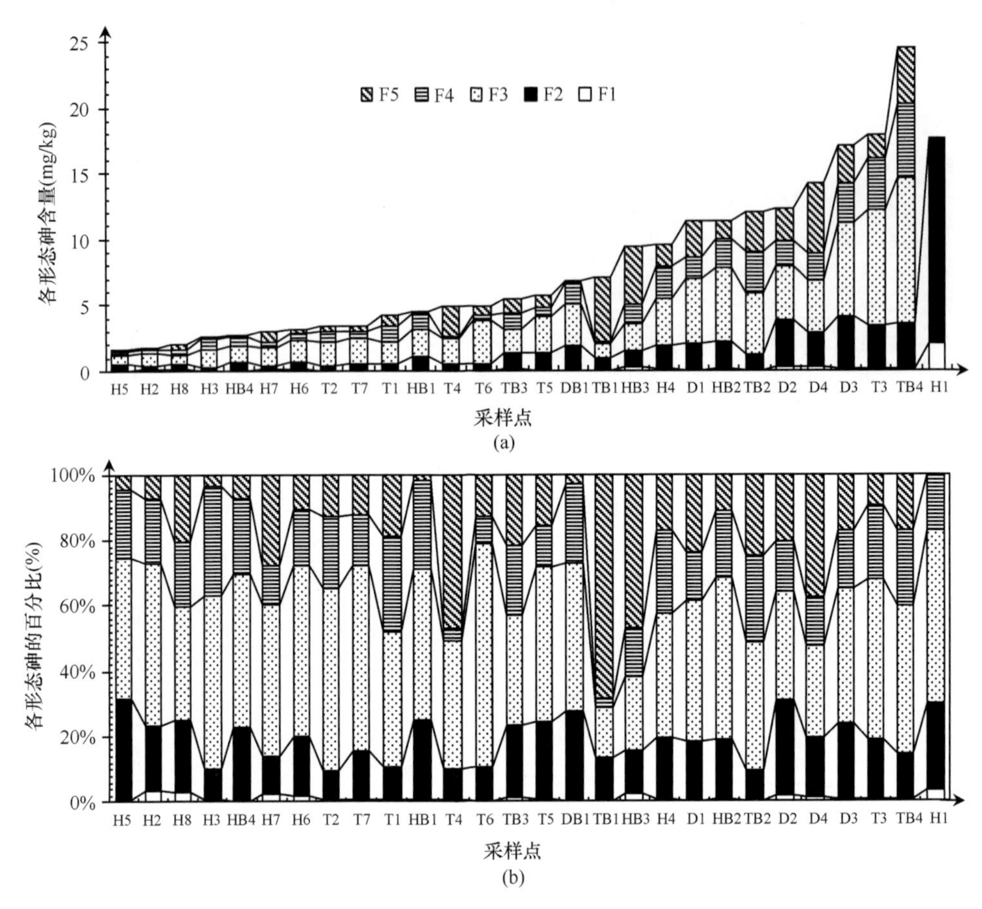

图 4.5 大辽河水系表层沉积物中各形态砷含量及占砷总量的百分比

(a)各形态砷的含量；(b)各形态砷占总砷的百分比

F1 主要是通过物理吸附作用与沉积物中的矿物表面结合的那部分砷，主要包括易水解的和水溶性的砷，是砷的各种形态中性质最活跃的那部分砷（Banning et al.，2008）。从表 4.3 和图 4.5 可以看出，非专性吸附态砷的浓度和占总砷的比例都较小，在大辽河水系沉积物中的含量为 0.01～2.10 mg/kg，平均含量为 0.22 mg/kg；其百分含量为 0.26%～3.77%，其平均百分含量为 1.23%，其变异系数分别为 179.1%和 76.2%。所以沉积物中非专性吸附态砷的分布时空变化差异明显，而且在不同沉积物样品中，其占总砷的比例没有明显的规律性。

大辽河水系沉积物中 F2 在总砷中的平均比例为 18.19%。而且不同表层沉积物中专性吸附态砷的含量变化较大，其变异系数为 123.6%，最大值出现在 H1 点，达到 15.60 mg/kg，最小值为 0.25 mg/kg，出现在 H3 点。在污染最严重的 H1 点，专性吸附态砷的含量也最高，说明外源砷具有较强的活泼性。

非晶质铁铝氧化物结合态砷是大辽河水系表层沉积物中砷的主要存在形态，其平均含量为 5.10 mg/kg，占总砷的比例为 43.79%，远高于其他形态砷含量。其最大值也出现在 H1 点，最小值出现在 H5 点。非晶质铁铝氧化物对砷有很强的结合能力，所以，非晶质铁铝氧化物在高砷工业废水和高砷地下水的处理中得到了广泛的应用（王淑莹等，2009）。从以前的研究中可以看出，虽然在不同地点的土壤和沉积物中，砷的性质差别很大，但以非晶质铁铝氧化物结合态存在的砷一般是其最主要的存在形态。

晶质铁铝氧化物结合态砷主要是吸附在矿物晶格中的那部分砷，晶质铁铝氧化物吸附能力强的原因在于 Fe-As 离子键比较短，所以其结合能力更强。大辽河水系表层沉积物中晶质铁铝氧化物结合态砷的浓度范围为 0.18～10.37 mg/kg，平均含量为 2.07 mg/kg，占总砷的比例为 2.53%～33.68%，平均百分比为 19.18%，低于非晶质铁铝氧化物结合态砷的含量。与世界上其他河流沉积物相比，高于 Anllóns 河沉积物和德国杜塞尔多夫溪水沉积物晶质铁铝氧化物结合态砷的比例：13.6%和 11%（Banning et al.，2008；Devesa-Rey et al.，2008）。

残渣态砷是最不活泼、最稳定的一种砷的形态，主要包括与硅酸盐矿物和有机质结合的那部分砷。大辽河水系不同地点的表层沉积物中残渣态砷含量的变化也较大，没有明显的分布规律，其含量范围为 0.08～23.90 mg/kg，变异系数为 141.6%，平均含量为 3.18 mg/kg，占总砷的平均比例为 21.37%。由于残渣态砷有稳定的化学性质，所以从环境风险的角度看，较高的残渣态砷含量对环境是有利的。

4.4.2　大辽河河口沉积物中砷的赋存形态

大辽河河口表层沉积物中各形态砷的含量见表 4.4 和图 4.6。在砷的各种形态中，F3 占总砷含量的比例最大，为 33.32%，其次是 F5，占总砷含量的 28.78%；F2 和 F4 分别占总砷含量的 20.07%和 16.42%，F3 和 F4 的总含量占总砷的 49.74%。各形态砷含量的顺序为：F3＞F5＞F2＞F4＞F1。因此，非晶质铁铝氧化物结合态砷是大辽河河口表层沉积物砷的主要存在形态。河口地区 F5 的含量比大辽河水系表层沉积物中 F5 的含量要高，这主要是因为海水中的有机态砷主要包括甲基胂酸（MMA）和二甲基胂酸（DMA）（Andreae，1979），海水沉积物中有机态砷的含量较高；其次是在海洋环境条件下，砷由海水向沉积物转移的主要形式是水合氧化铁的无机胶体吸附共沉淀（廖先贵，1985），从而使非晶质铁铝氧化物结合态砷的含量较高，也导致了其残渣态砷的含量增高。另外，河口地区五种形态砷的平均值和中位值差异都比较小，而且其变异系数较小，所以在河口表层沉积物中不同形态砷的空间分布比较均匀，受外界的影响相对较小。从图 4.6 还可以看出，随着总砷含量的增大，F3 的含量也有增大的趋势。这与 Tang 等（2007）的研究结果一致：外源砷进入沉积物后，主要以非晶质铁铝氧化物结合态砷形式存在。

表 4.4　大辽河河口表层沉积物中各形态砷含量及占砷总量的百分比

采样点	总砷及各形态砷的含量（mg/kg）						各形态砷占总砷的百分比（%）				
	F1	F2	F3	F4	F5	TAs	F1	F2	F3	F4	F5
1	0.25	4.53	7.66	2.16	4.26	18.86	1.35	24.02	40.59	11.47	22.56
2	0.31	4.42	5.81	2.88	3.29	16.71	1.86	26.48	34.77	17.21	19.69
3	0.15	4.70	5.80	2.94	2.86	16.45	0.92	28.55	35.26	17.88	17.39
4	0.25	4.50	7.94	3.02	3.41	19.13	1.31	23.54	41.53	15.78	17.84
5	0.30	4.31	7.22	3.35	3.68	18.86	1.58	22.86	38.30	17.78	19.49
6	0.22	3.66	5.43	2.38	3.71	15.40	1.40	23.78	35.23	15.48	24.11
7	0.20	2.20	4.49	1.83	1.96	10.68	1.86	20.60	42.00	17.15	18.39
8	0.25	3.42	4.57	2.58	2.81	13.62	1.80	25.07	33.58	18.93	20.61
9	0.10	0.71	1.82	0.79	2.91	6.33	1.60	11.15	28.77	12.55	45.93
10	0.20	2.39	2.83	1.47	4.75	11.64	1.68	20.57	24.34	12.59	40.82
11	0.16	2.88	3.61	2.05	4.67	13.37	1.17	21.52	27.02	15.34	34.96
12	0.21	3.43	5.80	3.78	3.23	16.45	1.27	20.87	35.23	23.01	19.63
13	0.21	3.53	7.55	2.51	3.44	17.24	1.23	20.48	43.80	14.56	19.93
14	0.33	3.01	5.28	2.24	3.27	14.12	2.36	21.32	37.35	15.85	23.13
15	0.18	1.13	2.27	1.04	3.04	7.66	2.41	14.77	29.62	13.55	39.66
16	0.10	1.33	2.80	1.55	2.33	8.11	1.20	16.38	34.55	19.11	28.75
17	0.09	1.00	2.01	1.01	2.89	6.99	1.25	14.27	28.71	14.39	41.38
18	0.04	0.61	1.34	0.44	2.83	5.25	0.72	11.59	25.48	8.33	53.88
19	0.13	2.03	2.17	1.31	3.38	9.03	1.48	22.45	24.07	14.54	37.46
20	0.06	0.72	1.44	0.94	2.73	5.89	1.03	12.26	24.47	15.87	46.37
21	0.07	1.18	1.74	1.05	4.07	8.11	0.85	14.57	21.41	12.96	50.22
22	0.12	1.03	1.98	0.84	1.92	5.89	2.08	17.47	33.67	14.18	32.60
23	0.04	0.71	1.92	0.65	3.00	6.33	0.66	11.20	30.39	10.35	47.40
24	0.08	1.14	1.68	0.50	3.81	7.21	1.04	15.82	23.35	6.89	52.90
25	0.02	0.58	1.32	1.01	2.10	5.03	0.43	11.57	26.22	20.07	41.70
26	0.26	2.86	4.59	2.76	4.42	14.89	1.77	19.19	30.83	18.56	29.66
27	0.19	1.09	2.00	1.30	2.19	6.77	2.87	16.05	29.52	19.20	32.36
28	0.17	2.27	3.77	1.86	4.55	12.62	1.34	18.01	29.86	14.76	36.02
29	0.02	0.49	1.71	0.60	1.79	4.61	0.40	10.66	37.05	12.98	38.90
30	0.18	2.76	5.67	2.77	3.77	15.15	1.20	18.23	37.40	18.27	24.90
31	0.20	2.99	4.91	3.35	2.93	14.38	1.36	20.82	34.16	23.28	20.38
32	0.07	1.10	1.91	2.05	4.83	9.96	0.74	11.02	19.16	20.57	48.51
33	0.12	1.46	3.59	2.38	2.89	10.44	1.14	13.94	34.43	22.84	27.64
34	0.18	4.47	5.85	2.98	4.04	17.51	1.01	25.52	33.40	17.01	23.06
35	0.07	1.52	2.60	1.21	3.16	8.57	0.84	17.79	30.33	14.16	36.87
平均值	0.16	2.29	3.80	1.87	3.28	11.41	1.38	20.07	33.32	16.42	28.78
标准差	0.09	1.39	2.07	0.95	0.83	4.66	0.55	5.04	6.10	3.81	11.46
变异系数%	53.93	60.72	54.39	50.46	25.26	40.85	39.73	25.10	18.31	23.23	39.81
最大值	0.33	4.70	7.94	3.78	4.83	19.13	2.87	28.55	43.80	23.28	53.88
最小值	0.02	0.49	1.32	0.44	1.79	4.61	0.40	10.66	19.16	6.89	17.39

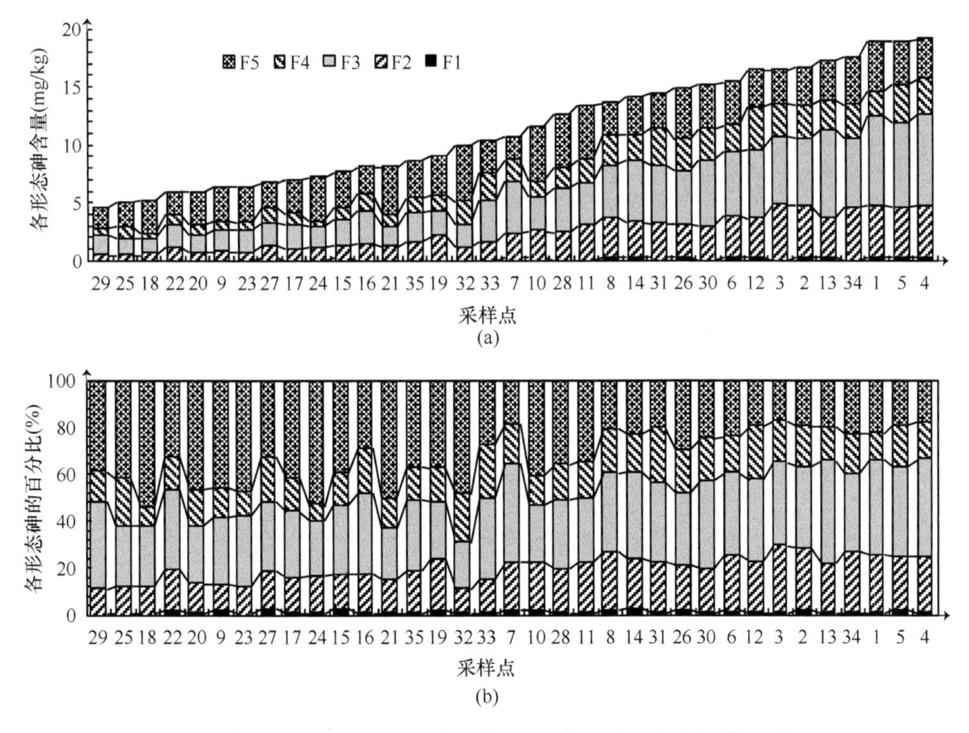

图 4.6　大辽河河口表层沉积物中各形态砷含量及占砷总量的百分比

(a)各形态砷的含量；(b)各形态砷占总砷的百分比

4.5　沉积物组成与砷的相关性

4.5.1　大辽河水系沉积物组成与砷的相关性

沉积物的理化性质（pH、Eh 等）及组成成分（Fe、Al、Mn 和 OM）对沉积物中砷的含量与分布有重要的影响（Zheng et al.，2003；Bone et al.，2006；王淑莹等，2009）。本研究中，大辽河水系沉积物中的总砷和黏粒、OM、Fe、Al、Mn 的含量不存在显著的相关性，主要原因是某些采样点沉积物样品砷含量很高，破坏了沉积物中砷和沉积物组成的地球化学平衡。例如，H1 点总砷含量较高，砷污染比较严重；T4 和 TB1 点由于接纳了来自铁矿的污水，铁含量相对较高。将铁含量最高点 T4 和 TB1 点和砷含量最高点 H1 点去除之后再进行其相关性分析（表 4.5），结果表明：沉积物中的总砷及各形态砷的含量与黏粒、OM、Fe、Al、Mn 含量的相关性显著。此外，在砷的各存在形态中，F3 和 F4 的含量与 Fe、Al、Mn 含量的相关系数最高。因此，沉积物中的铁、铝的含量对砷有重要的影响。沉积物中砷的五种存在形态之间也存在着显著的相关性，表明不同形态的砷的同源性。

表 4.5　大辽河水系表层沉积物组成与砷含量的相关性分析

	OM	黏粒	Al	Fe	Mn	TAs	F1	F2	F3	F4	F5
OM	1.00										
黏粒	0.48*	1.00									
Al	0.65**	0.32	1.00								
Fe	0.60**	0.55**	0.68**	1.00							
Mn	0.28	0.70**	0.39	0.79**	1.00						
TAs	0.56**	0.72**	0.50*	0.59**	0.65**	1.00					
F1	0.14	0.54**	0.27	0.18	0.44*	0.70**	1.00				
F2	0.37	0.68**	0.37	0.41	0.62**	0.91**	0.75**	1.00			
F3	0.61**	0.59**	0.61**	0.66**	0.59**	0.93**	0.48*	0.84**	1.00		
F4	0.79**	0.69**	0.58**	0.66**	0.60**	0.92**	0.50*	0.79**	0.90**	1.00	
F5	0.23	0.63**	0.18	0.31	0.49*	0.76**	0.76**	0.61**	0.51*	0.58**	1.00

* $P<0.05$　** $P<0.01$。

4.5.2　大辽河河口沉积物组成与砷的相关性

对大辽河河口沉积物中黏粒、总有机碳（TOC）、Fe 和 Al 等组成成分的含量与沉积物中总砷及砷的各形态含量之间进行相关性分析（表 4.6）和线性回归分析（图 4.7），结果表明：大辽河河口沉积物中总砷的含量与黏土、TOC、Fe 和 Al 含量之间具有显著的相关性。

表 4.6　大辽河河口表层沉积物组成与砷含量的相关性分析

	黏粒	TOC	Al	Fe	TAs	F1	F2	F3	F4	F5
黏粒	1.00									
TOC	0.81**	1.00								
Al	0.75**	0.89**	1.00							
Fe	0.81**	0.97**	0.93**	1.00						
TAs	0.87**	0.87**	0.79**	0.86**	1.00					
F1	0.70**	0.69**	0.61**	0.67**	0.81**	1.00				
F2	0.84**	0.85**	0.76**	0.84**	0.97**	0.80**	1.00			
F3	0.84**	0.79**	0.68**	0.74**	0.96**	0.80**	0.93**	1.00		
F4	0.81**	0.82**	0.77**	0.82**	0.91**	0.74**	0.86**	0.85**	1.00	
F5	0.40*	0.52**	0.54**	0.54**	0.49**	0.29*	0.38*	0.28*	0.31*	1.00

* $P<0.05$　** $P<0.01$。

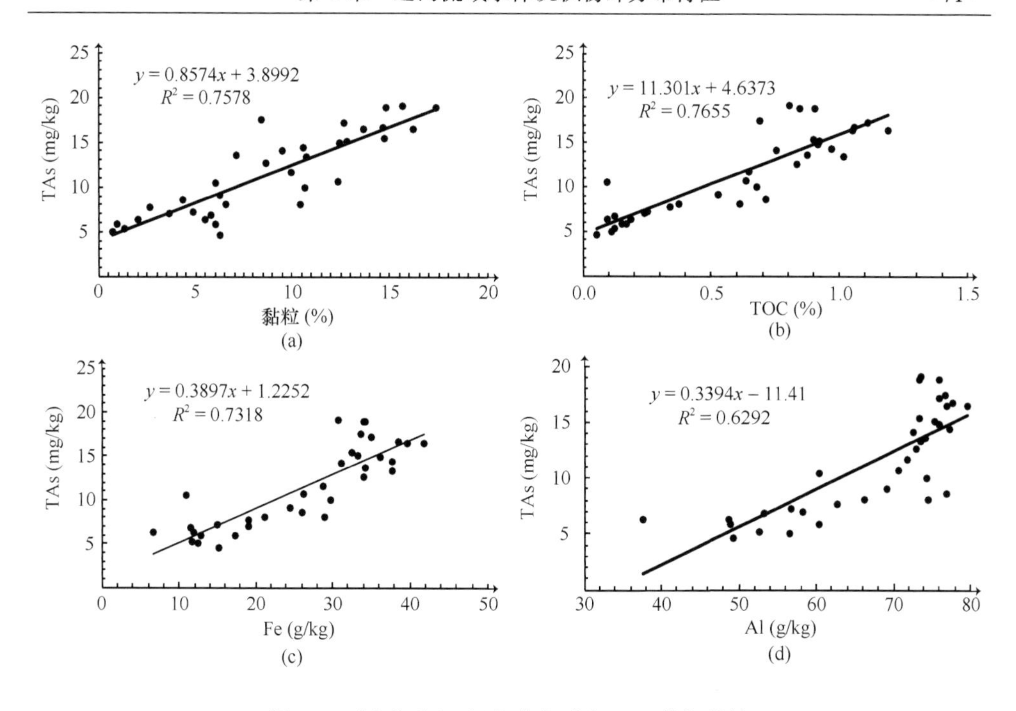

图 4.7　大辽河河口沉积物组成与 TAs 的相关性

沉积物中砷的形态（F2、F3 和 F4）与 Fe 和 Al 含量之间的相关性显著（图 4.8）。沉积物中砷的各形态（F5 除外）之间也存在着显著的相关性（表 4.6），说明了砷的存在形态对总砷含量的贡献，同时也表明沉积物中各形态砷与总砷的同源性。这些结果充分说明：海洋沉积环境中，沉积物的性质及其组成成分含量对砷及其存在形态有重要的影响。而且，从分析结果也可以看出：海洋沉积物比河流沉积物受到相对较小的人为干扰，沉积物组成与砷的含量之间保持相对稳定的地球化学平衡。

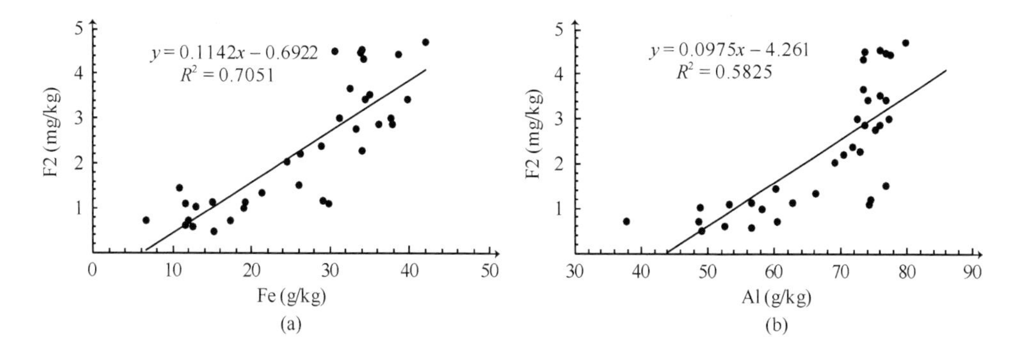

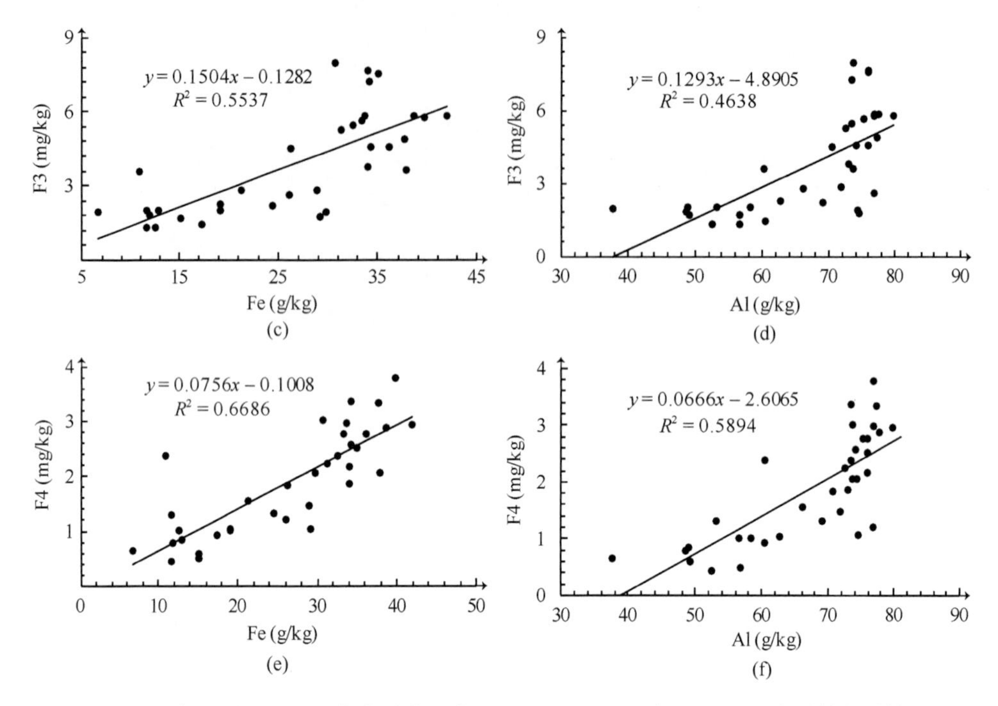

图 4.8　大辽河河口沉积物中砷的形态（F2、F3 和 F4）与 Fe 和 Al 含量的相关性

4.6　其他水体沉积物中砷的分布特征

为了比较辽河流域水体沉积物与国内其他水体沉积物砷污染状况，更系统、全面地认识河流、湖泊等地表水体表层沉积物中砷的环境地球化学特征，本研究对珠江广州河段和南四湖表层沉积物中砷含量、存在形态及与沉积物组成的关系进行了系统的分析探讨。

4.6.1　珠江广州河段沉积物中砷的分布

1. 研究区概况

珠江是华南地区最大的河流，其流量为 11070 m^3/s，珠江干流穿过广州市区。本研究所涉及的珠江广州河段［（113°30′±30′）E，（23°10′±10′）N］指的是起于鸦岗，经广州市流至黄埔新港的河段。该河段属感潮河段，在枯水期涨潮时，珠江口盐水可以到达本河段。广州是华南地区最大的城市，自改革开放以来，广州的经济得到了空前的发展。快速的工业化和城市化进程导致了污染物的大量排放，致使珠江广州河段水环境质量严重恶化。研究发现珠江（广州段）河流沉积物中 Zn、Cu、Cd 和 Pb 的含量高于其在珠江河口表层沉积物中的含量（Cheung et al.,

2003）。而且，有关珠江广州河段表层沉积物砷的污染从未有报道。因此，本研究对受人类活动严重影响的珠江广州段表层沉积物中砷的含量、形态分布特征及与沉积物性质之间的关系进行了系统的分析和讨论。

2. 沉积物样品采集及分析

综合考虑珠江广州河段水文水质特点、河道走向和弯道、支流和障碍物的位置、沿程污染源分布以及河道中污染物的回荡等因素，于 2007 年 3 月采集了 15 个表层沉积物样品（0～15 cm）（图 4.9）进行分析。采样及样品处理方法同 2.2 节。

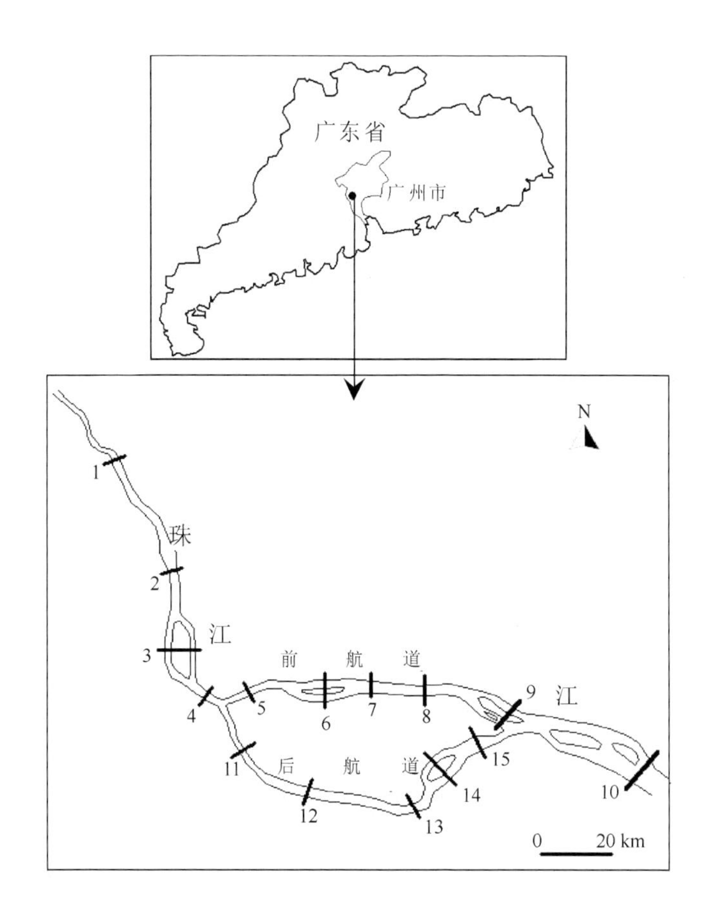

图 4.9　珠江广州河段表层沉积物采样点分布示意图

按照 2.2 节所提供的方法对沉积物的 pH、有机质含量、粒径及砷的含量进行了分析。运用 Wenzel 等（2001）和 Lombi 等（2000）所研究的方法对沉积物中砷的存在形态进行了分析。砷的连续提取步骤如表 4.7 所示，分别对沉积物中的非专性吸附态、专性吸附态、铝氧化物结合态、非晶质铁氧化物结合态、晶质铁氧化物结合态的砷进行了连续提取，残渣态砷的含量为总砷和上述各形态砷的含量之差。

表 4.7 沉积物中砷的化学连续提取方法

步骤	形态	提取剂	实验条件
1	非专性吸附态砷	0.05 mol/L $(NH_4)_2SO_4$	振荡 4 h（20 ℃）
2	专性吸附态砷	0.05 mol/L $NH_4H_2PO_4$	振荡 24 h（20 ℃）
3	铝氧化物结合态砷	0.5 mol/L NH_4F（pH 7.0）	振荡 1 h（20 ℃）
4	非晶质铁氧化物结合态砷	0.2 mol/L 草酸铵（pH 3.25） 洗涤步：0.2 mol/L 草酸铵	避光振荡 4 h（20 ℃） 振荡 10 min（20 ℃）
5	晶质铁氧化物结合态砷	0.2 mol/L 草酸铵+0.1 mol/L 抗坏血酸（pH 3.25） 洗涤步：0.2 mol/L 草酸铵	水浴振荡 30 min（96 ℃） 振荡 10 min（20 ℃）
6	残渣态砷	HNO_3-H_2O_2	微波消解

3. 珠江广州河段沉积物的理化性质

珠江广州河段表层沉积物的理化性质如表 4.8 所示。其 pH 的范围为 7.45～8.32，显碱性特征。沉积物 OM 的含量范围为 1.86%～7.02%，其采样点 4、5 和 7 的含量较高，这些点位于广州中心城区，周围工业区和居民区密集，所以，工业废水和生活污水大量排放可能是导致其 OM 含量较高的主要原因。其黏粒、粉粒和砂粒含量范围分别为 14.68%～29.64%、32.18%～42.65%和 27.09%～46.84%。沉积物中非晶质铁、铝含量分别为 1.6～4.1 g/kg 和 0.8～2.3 g/kg。其晶质铁、铝含量分别为 7.9～14.1 g/kg 和 1.0～3.2 g/kg。非晶质铁的含量明显低于晶质铁的含量。而且，非晶质铁和晶质铁的含量明显高于非晶质铝和晶质铝的含量。

4. 珠江广州河段沉积物中总砷的含量

珠江广州河段沉积物中总砷的含量范围为 16.65～33.42 mg/kg，其平均值为 24.55 mg/kg，其含量最低点和最高点分别是点 1 和点 4 沉积物（表 4.9）。在采样点 4 周围有很多工业区，工业排放可能是导致该点沉积物砷含量高的主要原因。点 1 位于广州市的水源地，周围几乎没有污染物排放，所以该点砷的含量较低。广东省砷元素的土壤背景值为 8.9 mg/kg（魏复盛等，1990），世界河流沉积物砷的背景值为 5 mg/kg（Martin and Whitfield，1983）。因此，珠江广州河段表层沉积

表 4.8　珠江广州河段表层沉积物的基本理化性质

采样点	pH	OM（%）	非晶质		晶质		粒径分布（%）		
			Fe（g/kg）	Al（g/kg）	Fe（g/kg）	Al（g/kg）	黏粒（<4 μm）	粉粒（4～63 μm）	沙粒（63～2000 μm）
1	7.55	2.79	1.7	2.3	7.9	1.9	17.25	39.45	35.94
2	8.03	4.72	3.1	2.1	9.8	1.9	24.92	32.18	35.86
3	7.89	4.02	3.5	1.1	10.6	1.1	22.43	42.23	29.56
4	8.32	5.62	3.2	1.1	12.5	1.0	29.64	40.29	27.09
5	8.16	7.02	3.9	1.7	12.9	2.9	25.48	42.23	27.58
6	7.72	4.06	3.5	0.8	11.9	1.9	23.42	35.55	34.98
7	7.96	6.05	3.0	1.2	9.5	2.3	26.25	40.69	28.28
8	8.02	2.32	2.6	1.2	11.3	1.3	20.57	34.85	40.64
9	7.45	4.03	3.1	2.1	11.5	3.0	21.95	36.88	40.78
10	8.18	5.02	4.1	1.5	14.1	2.1	26.28	32.56	42.65
11	7.89	3.04	2.3	1.3	9.4	2.5	22.46	36.79	34.25
12	8.05	2.05	2.0	2.2	12.6	2.4	20.18	32.18	45.82
13	7.94	2.14	2.2	1.8	9.6	2.1	16.87	42.65	35.68
14	7.88	1.86	1.6	0.9	9.0	1.9	14.68	38.47	44.24
15	8.13	3.24	2.5	1.6	12.8	3.2	17.54	33.51	46.84
平均值	7.94	3.87	2.82	1.53	11.03	2.10	21.99	37.37	36.68
标准差	0.05	2.49	0.59	0.24	3.17	0.43	17.54	14.45	44.22
变异系数（%）	0.7	64.4	21.0	15.8	28.8	20.3	79.7	38.7	120.6
最大值	8.32	7.02	4.1	2.3	14.1	3.2	29.64	42.65	46.84
最小值	7.45	1.86	1.6	0.8	7.9	1.0	14.68	32.18	27.09

物中砷的平均含量高于广东省砷含量的土壤背景值和世界河流沉积物砷的背景值。有研究表明珠江河口表层沉积物砷的平均含量为 21.1 mg/kg（黄向青等，2006），略低于珠江广州河段砷的平均含量。但珠江广州河段表层沉积物砷的平均含量低于许多污染较为严重的河流，如乐安江（41 mg/kg）（Wen and Allen，1999）、黄浦江（81 mg/kg）（丁振华等，2006）。乐安江受采矿活动的重要影响，而黄浦江受到上海市工业废水和生活污水的重要影响。与珠江广州河段相似，河流都深受人类活动的重要影响。农药、除草剂和化肥的生产，玻璃和瓷器工业，石油冶炼及砷矿石的冶炼等都能导致含砷污染物的大量排放（Chilvers and Peterson，1987）。自从 20 世纪 70 年代以来，珠江所流经的广州佛山地区工农业发展迅速，

快速的工业化和城市化进程导致大量含砷废水排放到河流中，引起河流沉积物的污染。特别是玻璃瓷器业、造纸、半导体生产、冶炼、电路板生产和汽车工业发展迅猛，这也是导致珠江广州河段沉积物砷含量较高的一个重要原因。

表 4.9 珠江广州河段表层沉积物中各形态砷的含量及占砷总量的百分比

采样点	总砷及各形态砷的含量（mg/kg）							各形态砷占总砷的百分比（%）					
	F1	F2	F3	F4	F5	F6	TAs	F1	F2	F3	F4	F5	F6
1	0.29	0.70	0.09	4.12	3.82	7.63	16.65	1.74	4.20	0.54	24.74	22.94	45.83
2	0.87	2.05	0.21	8.35	5.02	8.06	24.56	3.54	8.35	0.87	34.00	20.44	32.81
3	0.64	1.14	0.38	8.78	5.25	7.23	23.42	2.73	4.87	1.64	37.49	22.42	30.85
4	1.21	1.82	0.17	13.75	7.51	8.96	33.42	3.62	5.45	0.52	41.14	22.47	26.80
5	0.74	1.21	0.37	12.27	6.16	9.10	29.85	2.48	4.05	1.25	41.11	20.64	30.48
6	1.05	1.97	0.63	9.97	5.75	8.14	27.51	3.82	7.16	2.29	36.24	20.90	29.59
7	0.52	1.45	0.42	8.84	4.58	10.61	26.42	1.97	5.49	1.60	33.46	17.34	40.15
8	0.51	1.86	0.28	7.72	5.44	8.87	24.68	2.07	7.54	1.13	31.28	22.04	35.94
9	0.78	1.78	0.68	7.49	4.21	12.38	27.32	2.86	6.52	2.49	27.42	15.41	45.31
10	0.72	1.25	0.61	10.84	6.52	10.60	30.54	2.36	4.09	2.01	35.49	21.35	34.70
11	0.51	1.05	0.25	6.58	4.25	9.90	22.54	2.26	4.66	1.11	29.19	18.86	43.92
12	0.62	1.48	0.18	5.97	6.05	7.27	21.57	2.87	6.86	0.83	27.68	28.05	33.70
13	0.43	2.09	0.14	6.25	3.68	6.65	19.24	2.23	10.86	0.73	32.48	19.13	34.56
14	0.48	1.18	0.22	4.68	4.48	7.58	18.62	2.58	6.34	1.18	25.13	24.06	40.71
15	0.38	2.18	0.25	5.02	5.83	8.18	21.84	1.74	9.98	1.14	22.99	26.69	37.45
平均值	0.65	1.55	0.33	8.04	5.24	8.74	24.55	2.59	6.43	1.29	31.99	21.52	36.19
标准差	0.06	0.20	0.03	7.80	1.18	2.45	22.14	0.43	4.39	0.37	33.02	10.71	34.94
变异系数（%）	9.23	12.90	9.09	97.01	22.52	28.03	90.18	16.67	68.23	28.36	103.23	49.76	96.54
最大值	1.21	2.18	0.68	13.75	7.51	12.38	33.42	3.82	10.86	2.49	41.14	26.69	45.83
最小值	0.29	0.70	0.09	4.12	3.68	6.65	16.65	1.74	4.09	0.52	22.99	15.41	26.80

5. 珠江广州河段沉积物中砷的存在形态

珠江广州河段沉积物中各形态砷的含量如表 4.9 所示。F1、F2、F3、F4、F5 和 F6 的含量分别是 0.29～1.21 mg/kg、0.70～2.18 mg/kg、0.09～0.68 mg/kg、4.12～13.75 mg/kg、3.68～7.51 mg/kg 和 6.65～12.38 mg/kg，其平均含量分别

是 0.65 mg/kg、1.55 mg/kg、0.33 mg/kg、8.04 mg/kg、5.24 mg/kg 和 8.74 mg/kg，占总砷的百分比分别是 2.59%、6.43%、1.29%、31.99%、21.52% 和 36.19%（图 4.10），其含量的大小顺序依次为 F6＞F4＞F5＞F2＞F1＞F3。此外，其 F4、F5 和 F6 的含量超过了总砷含量的 90%。铁结合态砷的含量（F4、F5 的和）占总砷的含量超过了 53%。而且，铁氧化物结合态砷的含量一般随总砷含量的增加而增加。因此，在沉积物环境中，人为排放的砷主要与铁氧化物结合。珠江广州河段沉积物中残渣态砷的含量较高。在沉积物环境中，残渣态砷的含量主要是与有机质、硫化物或与铝硅酸盐矿物结合的砷，其不易受到 pH 的影响，比对氧化还原反应相对敏感的 Fe、Al 和 Mn 氧化物结合态砷更稳定。因此，残渣态砷在水环境系统中并不是砷的主要来源。从环境风险的角度来说，较高的残渣态砷含量对环境是有益的。对砷的环境地球化学有重要影响的是金属氧化物，特别是铁氧化物。砷与铁氧化物相互作用的机制主要包括共沉淀、与矿物表面点的吸附或渗透到矿物的晶格中。例如，砷与非晶质铁氧化物主要通过共沉淀而发生作用。因此，沉积物环境中铁的环境地球化学行为将对砷元素的迁移转化产生重要的影响。

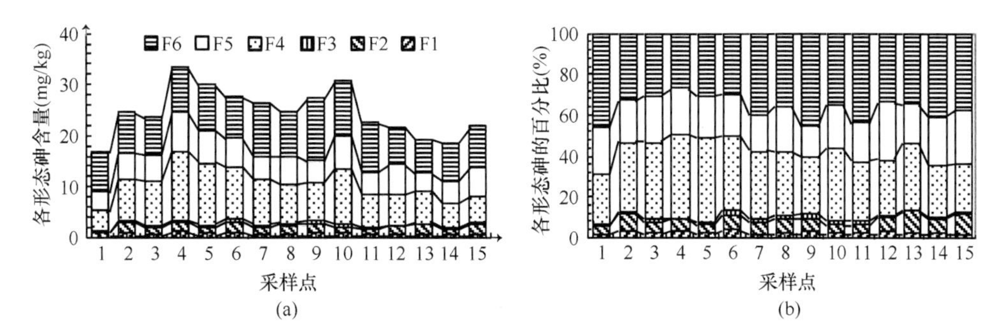

图 4.10 珠江广州河段表层沉积物中各形态砷含量及占总砷含量的百分比

(a)各形态砷的含量；(b)各形态砷占总砷的百分比

6. 珠江广州河段沉积物组成与砷的相关性分析

通过对珠江广州河段沉积物中黏土、OM、Fe 和 Al 含量与总砷及各形态砷含量之间进行线性回归分析，结果表明：总砷含量与黏粒、OM 和 Fe 含量之间的相关性显著，而与 Al 含量之间的相关性不显著（图 4.11）。

F3 与 Al、F4 与非晶质铁、F5 与晶质铁及 F6 与有机质之间的线性回归分析表明：F4、F5 和 F6 的含量分别与非晶质铁、晶质铁和有机质的含量之间的相关性显著。而 F3 与 Al 的含量之间不具备显著的相关性（图 4.12）。

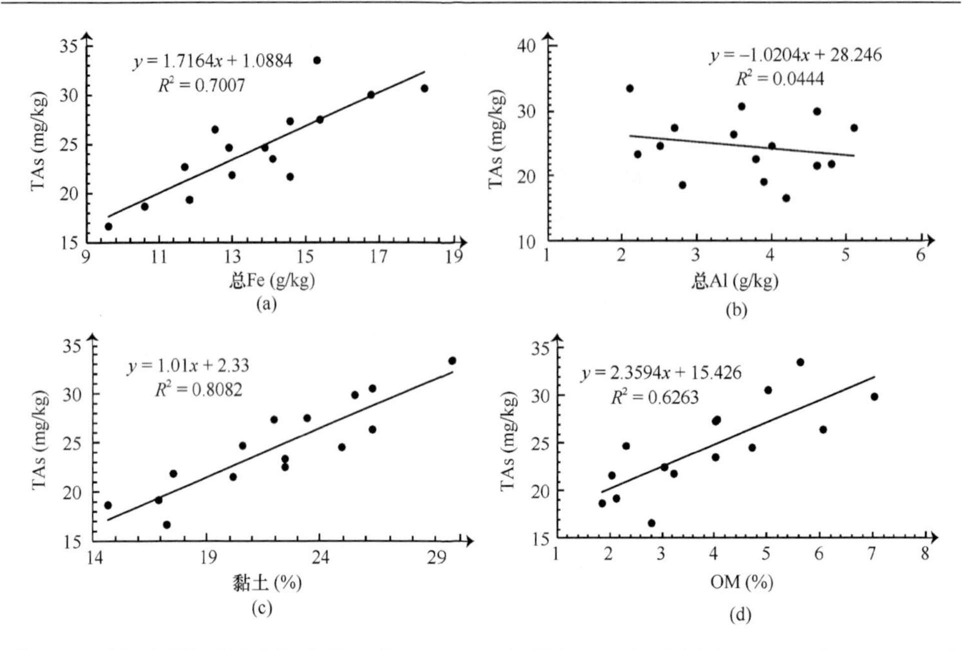

图 4.11　珠江广州河段表层沉积物中总 As（TAs）与黏土（clay）、有机质（OM）、总 Fe（sum-Fe）和总 Al（sum-Al）含量的相关性分析

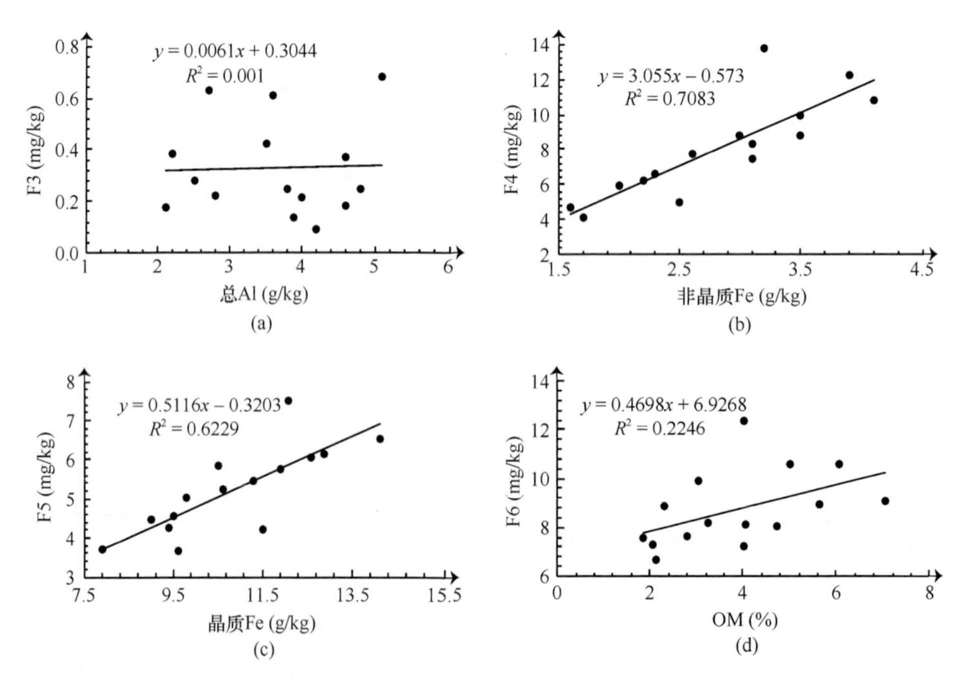

图 4.12　珠江广州河段表层沉积物中砷的形态（F2、F3 和 F4）与总 Al（sum-Al）、非晶质 Fe（amor-Fe）、晶质 Fe（cry-Fe）和有机质（OM）含量的相关性分析

4.6.2　南四湖沉积物中砷的分布

1. 研究区概况

南四湖位于山东省西南部（34°27′N～35°20′N，116°34′E～117°21′E），是包括南阳、独山、昭阳和微山四个相互连贯湖泊的总称。南四湖呈东南-西北向延伸，湖面总面积为 1266 km^2，平均水深为 1.46 m。自 1960 年在昭阳湖和微山湖中间建成二级湖闸后，把南四湖分成上、下级湖，湖闸北为上级湖，注入河流 29 条，集水面积 26943 km^2，占总集流面积的 88.4%。湖泊沉积物记录着湖区环境变化的丰富信息。因而通过对湖泊沉积物的研究，可以对人类活动产生的污染物对湖泊环境的影响进行系统评价。本研究通过对南四湖四个湖区所采集的 20 个表层沉积物样品中砷的含量及形态的分析，结合调查和实测资料，阐述表层沉积物中砷在空间分布上的差异；识别湖区砷污染的重点区域，分析其可能的污染来源，由此更系统地研究湖泊沉积物中砷的存在及迁移转化，更全面地理解地表水体中砷元素的环境地球化学行为。

2. 样品采集与分析

在南四湖湖区集中采集了 20 个表层沉积物样品，其中南阳湖 7 个，独山湖 6 个，昭阳湖 4 个，微山湖 3 个（图 4.13）。并对沉积物的 pH、OM、Al、Fe、Ca 的含量及粒径等基本理化性质进行了分析，分析方法同 2.2 节。运用 Wenzel 等（2001）提出的连续提取方法对沉积物中砷的存在形态进行了分析。

3. 南四湖沉积物的理化性质

南四湖 20 个表层沉积物样品的基本理化性质如表 4.10 所示。其 pH 范围为 7.01～8.21，呈碱性的特征。有机质的含量范围为 4.32%～14.32%，在南阳湖、独山湖、昭阳湖和微山湖中其 OM 的平均含量分别为 9.57%、11.38%、7.36%和 5.01%。Al、Fe 和 Ca 的含量范围分别为 4.46%～7.49%、2.82%～4.30%和 2.00%～14.98%。由于济宁、邹城和菏泽等城区有大量的工业废水和生活污水从 13 条较大的入湖河流排入南阳湖和独山湖，因此其 OM 的平均含量偏高；同时独山湖渔业发达，这也是导致其 OM 含量偏高的一个重要原因。在自然条件下，水流从南阳湖和独山湖流入昭阳湖和微山湖的过程中，许多无机和有机的污染物会产生沉淀和迁移转化；同时，在昭阳湖和微山湖中间的二级坝的拦截作用可能导致坝上下沉积物的理化性质产生差别。

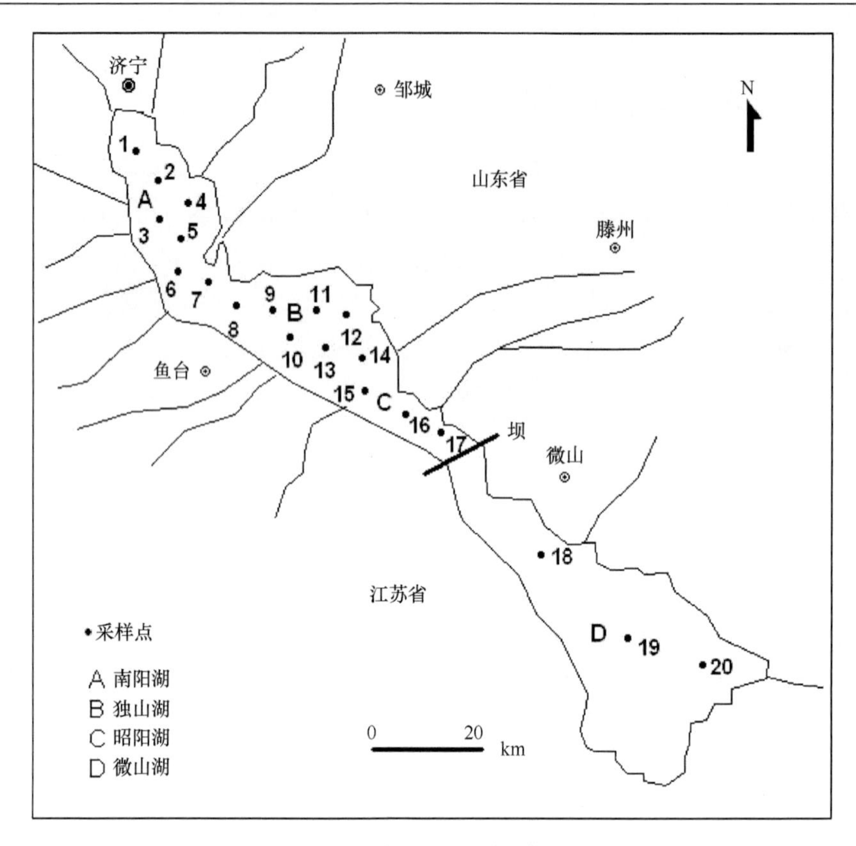

图 4.13　南四湖沉积物采样图

表 4.10　南四湖表层沉积物的基本理化性质

采样点	pH	OM（%）	Al（%）	Fe（%）	Ca（%）	黏土（%）（<2 μm）	粉粒（%）（2～63 μm）	沙粒（%）（63～2000 μm）
				南阳湖				
1	7.93	10.35	6.45	3.48	7.35	22.64	60.84	11.23
2	7.66	12.83	7.08	3.55	6.00	14.56	68.95	6.82
3	7.87	9.02	6.51	3.57	7.04	21.35	70.19	4.51
4	7.79	8.94	6.42	3.42	8.03	12.24	72.57	6.51
5	7.93	9.68	6.90	3.20	10.04	17.84	66.82	5.94
6	8.03	7.09	6.39	3.96	14.05	23.68	72.19	1.43
7	7.85	9.06	7.26	3.41	12.02	18.82	71.22	3.65
平均值	7.87	9.57	6.72	3.51	9.22	18.73	68.97	5.73
				独山湖				
8	7.82	11.23	6.40	3.18	14.98	21.27	66.80	3.95
9	7.60	10.82	5.31	3.60	14.86	16.35	75.48	4.02

续表

采样点	pH	OM（%）	Al（%）	Fe（%）	Ca（%）	黏土（%）（<2 μm）	粉粒（%）（2～63 μm）	沙粒（%）（63～2000 μm）
				独山湖				
10	7.01	14.32	5.21	4.30	11.03	19.95	73.81	2.35
11	7.53	12.51	4.49	4.06	8.13	17.95	74.15	1.82
12	7.95	10.02	4.80	3.44	7.07	23.26	71.98	3.56
13	7.87	9.35	5.73	3.66	4.97	25.36	67.82	3.58
平均值	7.63	11.38	5.32	3.71	10.17	20.69	71.67	3.21
				昭阳湖				
14	7.96	6.73	6.98	3.13	5.04	24.07	73.25	0.58
15	8.17	8.47	7.06	3.89	6.05	19.64	72.56	1.01
16	8.21	7.98	7.49	3.29	3.91	22.64	73.19	0.78
17	7.94	6.25	7.17	3.43	3.11	20.85	71.65	4.12
平均值	8.07	7.36	7.18	3.44	4.53	21.80	72.66	1.62
				微山湖				
18	8.12	4.98	4.46	3.28	2.00	19.68	70.34	7.53
19	8.15	5.72	5.02	3.01	2.50	15.35	73.65	6.25
20	8.02	4.32	6.30	2.82	4.05	17.25	73.58	3.08
平均值	8.10	5.01	5.26	3.04	2.85	17.43	72.52	5.62
				南四湖				
平均值	7.87	8.98	6.17	3.48	7.61	19.74	71.05	4.14
标准差	0.27	2.65	0.97	0.36	4.03	3.47	3.42	2.66
变异系数（%）	3.45	29.51	15.73	10.42	53.01	17.59	4.82	64.24
最大值	8.21	14.32	7.49	4.30	14.98	25.36	75.48	11.23
最小值	7.01	4.32	4.46	2.82	2.00	12.24	60.84	0.58

4. 南四湖沉积物总砷的分布特征

南四湖表层沉积物中总砷及各形态砷的含量如表 4.11 所示。总砷的含量范围为 8.27～21.75 mg/kg，其平均值为 13.45 mg/kg。南阳湖、独山湖、昭阳湖和微山湖表层沉积物中砷的平均值分别为 13.54 mg/kg、16.86 mg/kg、11.28 mg/kg 和 9.34 mg/kg，其含量最高点是位于独山湖的 10 号点，最低点在微山湖的 20 号点。由于南四湖湖盆本身为洼地，湖体被黄河泛滥的泥沙淤塞而成（郭永盛，1990；沈吉等，2000），因此在本研究中采用黄河干流沉积物的地球化学基础资料所提供的砷的含量值作为研究湖区沉积底泥的环境背景值，其中砷的含量为 7.50 mg/kg。世界沉积物砷的含量平均值为 5.0 mg/kg（Martin and Whitfield，1983）。因此，南四湖表层沉积物砷的平均含量高于世界河流沉积物砷的平均含量和黄河干流沉积物砷含量的背景值。

表 4.11　南四湖表层沉积物中各形态砷的含量及占砷总量的百分比

采样点	总砷及各形态砷的含量（mg/kg）						各形态砷占总砷的百分比（%）				
	F1	F2	F3	F4	F5	TAs	F1	F2	F3	F4	F5
南阳湖											
1	0.07	1.64	5.13	3.53	2.00	12.37	0.55	13.28	41.45	28.52	16.20
2	0.15	2.53	6.48	3.12	2.72	14.99	0.97	16.87	43.23	20.81	18.12
3	0.06	1.75	5.20	3.33	3.23	13.58	0.46	12.92	38.29	24.55	23.79
4	0.07	2.04	6.14	2.98	1.73	12.97	0.57	15.73	47.35	23.00	13.34
5	0.11	1.11	4.24	3.39	1.17	10.01	1.05	11.08	42.38	33.84	11.65
6	0.08	1.61	5.63	4.97	4.70	16.99	0.46	9.51	33.16	29.24	27.63
7	0.04	1.56	5.58	3.24	3.44	13.86	0.31	11.23	40.25	23.37	24.85
平均值	0.08	1.75	5.49	3.51	2.71	13.54	0.62	12.95	40.87	26.19	19.37
独山湖											
8	0.10	1.42	5.60	3.78	3.48	14.38	0.68	9.87	38.92	26.31	24.22
9	0.13	2.34	6.51	4.20	2.17	15.35	0.85	15.23	42.43	27.33	14.15
10	0.09	1.98	9.50	6.89	3.30	21.75	0.44	9.09	43.66	31.66	15.16
11	0.13	2.90	7.58	4.54	3.78	18.92	0.67	15.33	40.04	23.98	19.99
12	0.06	2.92	6.47	3.79	3.54	16.79	0.36	17.38	38.56	22.58	21.11
13	0.11	1.54	5.17	3.93	3.19	13.95	0.78	11.06	37.08	28.20	22.88
平均值	0.10	2.18	6.80	4.52	3.25	16.86	0.63	12.99	40.12	26.68	19.59
昭阳湖											
14	0.08	1.21	4.09	2.50	2.66	10.54	0.77	11.49	38.79	23.74	25.21
15	0.07	1.28	5.68	3.24	1.39	11.66	0.61	11.01	48.71	27.76	11.91
16	0.05	1.72	3.83	2.52	1.86	9.97	0.48	17.22	38.40	25.24	18.65
17	0.04	1.29	6.57	2.58	2.47	12.95	0.34	9.98	50.70	19.94	19.04
平均值	0.06	1.38	5.04	2.71	2.09	11.28	0.55	12.42	44.15	24.17	18.70
微山湖											
18	0.12	1.58	4.26	2.88	1.43	10.27	1.21	15.39	41.51	28.02	13.88
19	0.06	0.93	3.70	2.45	2.35	9.49	0.62	9.79	38.98	25.82	24.80
20	0.05	1.13	3.51	2.21	1.37	8.27	0.64	13.71	42.40	26.68	16.57
平均值	0.08	1.21	3.82	2.51	1.72	9.34	0.82	12.96	40.96	26.84	18.41
南四湖											
平均值	0.08	1.72	5.54	3.50	2.60	13.45	0.64	12.86	41.31	26.03	19.16
标准差	0.03	0.57	1.46	1.08	0.97	3.40	0.24	2.80	4.12	3.46	4.96
变异系数（%）	38.91	33.17	26.26	30.80	37.18	25.27	37.66	21.80	9.96	13.30	25.87
最大值	0.15	2.92	9.50	6.89	4.70	21.75	1.21	17.38	50.70	33.84	27.63
最小值	0.04	0.93	3.51	2.21	1.17	8.27	0.31	9.09	33.16	19.94	11.65

近年来，制药业、化肥制造业、纺织和印染业在南四湖周边的济宁、枣庄和菏泽等城市发展迅速，这些行业会导致大量含砷污染物的排放。据报道，每年分别从济宁、枣庄和菏泽流入南四湖未经处理的废水分别有 9.34×10^5 t、7.41×10^5 t 和 1.98×10^5 t（张祖陆等，1999），这可能是导致南四湖表层沉积物砷含量较高的重要原因。此外，长期监测的结果表明：南四湖的所有入湖河流都不同程度地受到重金属的污染（刘恩峰等，2007）。南四湖周边区域煤炭资源丰富，南四湖附近地区的济宁、枣庄和菏泽等地区有许多大规模的燃煤电厂，总安装发电量超过 1×10^7 kW。以前的研究表明南四湖周边矿区煤中砷的平均含量是 2.5 mg/kg（刘桂建等，2002），其中的 90%释放到环境中。因此，矿渣污染可能是南四湖沉积物中砷的一个重要来源。而且，南四湖沉积物中 OM 和总砷的含量是上级湖区高于下级湖区，南四湖水流方向是从上级湖区流向下级湖区。因此，未处理的工业废水和生活污水是导致南四湖沉积物污染的另一个重要原因。

5. 南四湖沉积物中砷的存在形态

南四湖表层沉积物中各形态砷的含量见表 4.11 和图 4.14。F1、F2、F3、F4 和 F5 的含量范围分别为 0.04～0.15 mg/kg、0.93～2.92 mg/kg、3.51～9.50 mg/kg、2.21～6.89 mg/kg 和 1.17～4.70 mg/kg，其平均含量分别为 0.08 mg/kg、1.72 mg/kg、5.54 mg/kg、3.50 mg/kg 和 2.60 mg/kg，其占总砷的比例分别为 0.64%、12.86%、41.31%、26.03%和 19.16%，其占总砷比例的大小顺序为 F3＞F4＞F5＞F2＞F1。其中 F3、F4 和 F5 的总和占总砷的 85%以上，铁氧化物结合态砷（F3 和 F4 之和）占总砷的比例超过 65%。而且 F3 的含量也是随总砷含量的增加而增加（图 4.14）。因此，铁铝氧化物也是影响湖泊表层沉积物中砷存在的主要物质，特别是非晶质铁氧化物的存在，这与前面研究的河流表层沉积物中砷的分布特征相似。

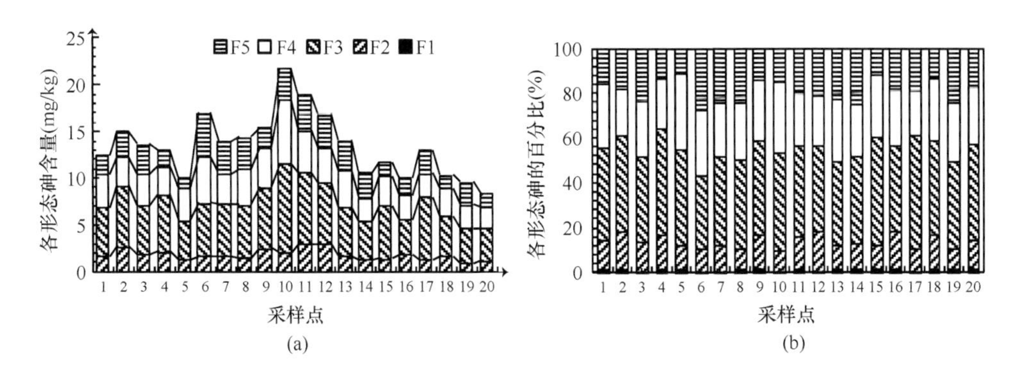

图 4.14　南四湖表层沉积物中各形态砷的含量及占总砷含量的百分比

(a)各形态砷的含量；(b)各形态砷占总砷的百分比

6. 南四湖沉积物组成与砷的相关性

通过对南四湖表层沉积物中黏土、OM、Fe 和 Al 含量与总砷及各形态砷含量之间进行相关性分析，结果表明：沉积物总砷含量与 OM 和 Fe 含量之间的相关性显著，而与 Al 含量之间的相关性不显著（图4.15）；而砷的各形态中，F3与 Fe 含量的相关性显著，而与 Al 含量的相关性也不显著（图4.16）。所以南四湖表层沉积物 OM 和 Fe 的含量对砷的形态及迁移转化有重要的影响。

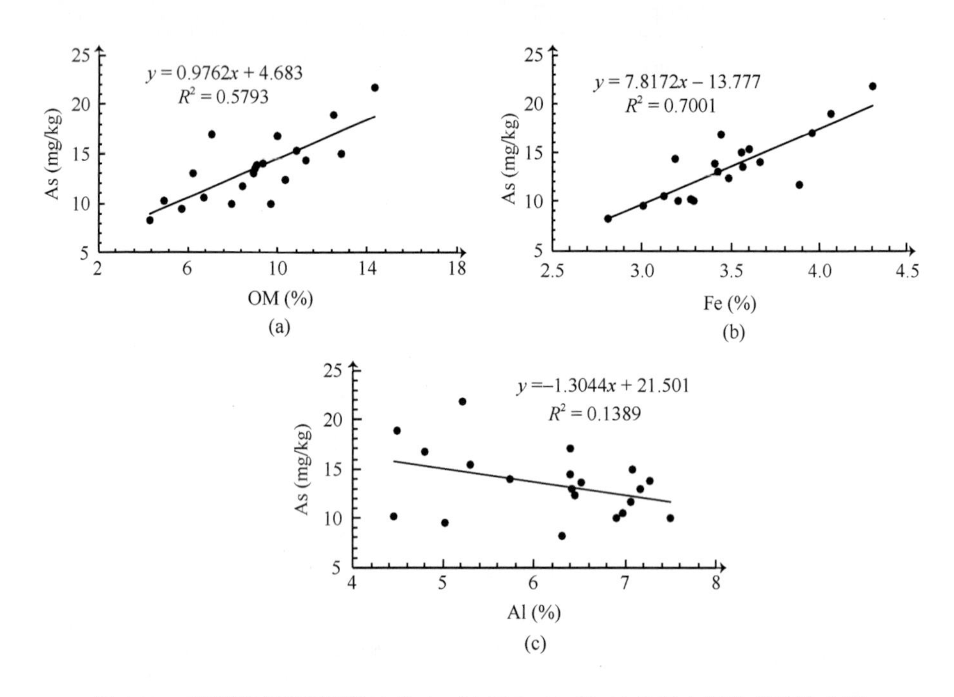

图 4.15　南四湖表层沉积物中总 As 与 OM、Fe 和 Al 含量之间的相关性分析

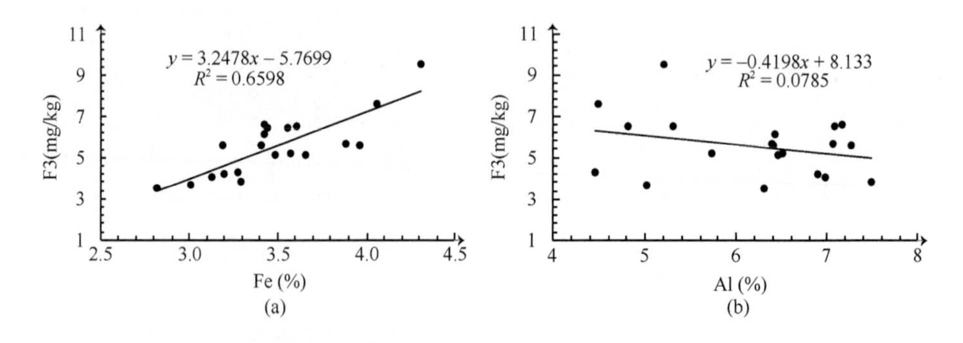

图 4.16　南四湖表层沉积物中 As 形态（F3）与 Fe 和 Al 含量的相关性

4.7 小　　结

本研究对大辽河水系及河口、珠江广州河段和南四湖表层沉积物中总砷及砷的各存在形态的分布特征及来源和生态风险进行了系统的分析和评价。结合世界上其他典型河流/湖泊沉积物中砷的污染特征，对地表水表层沉积物中砷的环境地球化学特征进行系统的总结。

4.7.1 沉积物中总砷含量

1. 大辽河水系与其他河流/湖泊沉积物中砷含量的比较

大辽河水系及河口沉积物总砷含量与国内外典型河流/湖泊的比较结果如表 4.12 所示。大辽河水系表层沉积物总砷含量为 1.57～83.09 mg/kg，平均含量为 10.36 mg/kg。三条主要组成河流浑河、太子河和大辽河总砷的平均含量分别为 11.22 mg/kg、8.50 mg/kg 和 12.37 mg/kg，其总砷的平均含量略高于松花江、京杭运河、刚果河等；分别与亚马逊河、扬子江相当；但明显低于污染严重的铜陵矿区水系及受工业废水和生活污水严重影响的珠江广州河段、黄浦江、乐安江和南四湖；略低于受人为活动影响频繁的其他河流，如长江、海河、淮河、太湖、湄公河和哥伦比亚最大的河流马格达莱纳河。所以，从表 4.12 可以看出，在世界范围内，除了某些点受到严重污染外，大辽河水系表层沉积物总砷的平均含量并不高。

2. 大辽河河口与其他河口沉积物中砷含量的比较

大辽河河口表层沉积物中总砷含量变化范围为 4.61～19.13 mg/kg，平均值为 11.41 mg/kg，低于国家海洋沉积物标准，略高于大辽河水系表层沉积物中总砷的平均含量。河口沉积物中砷含量空间分布比较均匀；而且离岸边越近的沉积物中，其砷含量越高，所以陆源输入是河口沉积物中砷的主要来源。大辽河河口表层沉积物与其他典型河口总砷含量的对比如表 4.13 所示。与国内外其他水体比较，大辽河河口表层沉积物中总砷含量与渤海和天津沿海表层沉积物中的含量差别不大；略高于胶州湾、山东沿海和波罗的海等地；明显低于受有色金属冶炼活动影响的锦州湾，受工业废水和生活污水影响的珠江口；略低于辽宁沿海、长江口和渤海湾。从以上比较中可以看出，大辽河河口沉积物中总砷含量处于中等水平。

表 4.12　典型河流/湖泊表层沉积物中砷的含量

河流/湖泊	砷含量（mg/kg）					参考文献
	平均含量	标准偏差	最大值	最小值	样品数	
长江	19.8	9.3	34.6	6.4	12	马志玮，2007
珠江	25.0		34.6	7.6	23	牛红义等，2007
淮河	16.5	4.0	22.0	9.0	13	朱兰保等，2007
松花江	5.6	2.2	9.0	2.7	11	林春野等，2008
海河	18.6	8.5	41.0	11.0	10	刘成等，2007
黄浦江	73.9	65.5	168.7	18.7	6	丁振华等，2006
扬子江	10.7	25.5	405.6	1.2	260	Zhang et al.，1995
乐安江	41.1	33.4	126.0	15.0	9	刘文新等，1999b
京杭运河	6.0	1.5	8.2	4.1	8	程永前等，2007
太子河	10.0	4.3	19.8	4.6	30	贾振邦等，1993
大沽河	20.0	—	42.5	2.4	28	迟海燕等，2006
太湖	19.8	9.3	34.6	6.4	12	马志玮，2007
温榆河	4.3	1.5	6.6	2.6	8	李连芳等，2007
香溪河	2.4	0.9	3.2	0.7	8	张晓华等，2002
先锋河	30.2	—	50.1	6.3	12	迟海燕等，2006
攀枝花水系	15.0	2.4	19.2	7.9	63	徐争启等，2007
铜陵矿区水系	268.8	465.8	1100.0	14.0	5	张馨等，2005
葫芦岛河流	15.6	24.2	75.2	4.2	8	王淑莹等，2009
湄公河	14.6	—	—	—	—	Martin et al.，1979
红河	—	—	33.0	2.0	5	Berg et al.，2007
亚马逊河	11.6	2.7	15.3	6.9	20	Ferraz et al.，1996
马格达莱纳河	27.0	—	—	—	—	Martin et al.，1979
刚果河	3.8	—	—	—	—	Martin et al.，1979
略夫雷加特河	26.4	8.8	—	—	32	Casas et al.，2003
卡尔德内尔河	25.9	6.1	—	—	16	Casas et al.，2003
阿诺亚河	32.0	6.8	—	—	20	Casas et al.，2003
缅因州湖泊	—	—	4292.0	64.0	—	Nikolaidisa et al.，2004
杜塞尔多夫溪水	3.0	2.4	8.5	1.0	10	Banning et al.，2008

表 4.13 典型河口/海洋表层沉积物中砷的含量

河口/海洋	砷含量（mg/kg）					参考文献
	平均含量	标准偏差	最大值	最小值	样品数	
大辽河河口	11.4	4.7	19.1	4.6	35	本研究
长江口	16.5	3.4	21.6	9.6	15	马志玮，2007
珠江口	21.1	7.2	35.6	21.1	28	黄向青等，2006
胶州湾	7.2	—	13.6	2.3	—	陈正新等，2006
锦州湾	51.3	89.9	569.5	14.6	42	王淑莹等，2009
渤海湾	15.3		20.9	10.0	—	廖先贵，1985
渤海	10.6	2.1	15.6	7.8	28	张小林，2001
南海	—	—	19.0	0.8	—	陈金民，2005
大连湾	16.5	—	57.6	7.8	—	蒋岳文，1991
辽宁沿海	14.8	20.3	107.4	3.1	24	张小林，2001
山东沿海	8.8	2.5	15.6	4.9	27	张小林，2001
天津沿海	11.8	1.1	13.4	10.8	4	张小林，2001
福建沿海	—	—	13.7	4.2	—	钟硕良等，2007
波罗的海	3.4	—	19.0	1.1	30	Garnaga et al.，2006
北大西洋	6.1	—	17.7	1.4	—	Neal et al.，1979
柯蒂斯港	18.0	12.0	36.0	6.0	50	Jones et al.，2005
伊兹米特海湾	22.2	2.2	26.8	20.0	8	Pekey，2006

4.7.2 沉积物中砷的赋存形态

大辽河水系表层沉积物中各形态砷的含量大小顺序为 F3＞F5＞F4＞F2＞F1，非晶质铁铝氧化物结合态砷的含量占砷总量的比例最高，是砷在沉积物中的主要结合形态。非晶质和晶质铁铝氧化物结合态砷占总砷的比例超过 60%，因此沉积物中的砷主要以铁铝氧化物结合态存在，其次是以残渣态存在。大辽河河口表层沉积物中五种形态砷的含量大小顺序为 F3＞F5＞F2＞F4＞F1。F3 和 F5 占总砷的比例较大，分别是 33.32%和 28.78%，非晶质铁铝氧化物结合态砷也是海洋沉积物砷的最主要结合形态，河口沉积物残渣态砷的含量比大辽河水系表层沉积物中高得多。珠江广州河段沉积物中非晶质铁铝氧化物结合态、晶质铁铝氧化物结合态及残渣态砷的平均含量分别是 8.04 mg/kg、5.24 mg/kg、8.74 mg/kg，占总砷的比例分别是 31.99%、21.52%、36.19%。南四湖沉积物中上述三种形态的含量分别是 5.54 mg/kg、3.50 mg/kg、2.60 mg/kg，占总砷的比例分别是 41.31%、26.03%、19.16%。所以铁铝氧化物结合态砷仍然是两个地区沉积物中砷的主要结合形态。

由于河流和海洋环境水动力条件及沉积环境差异很大，所以，在大辽河水系和河口地区砷的存在形态有很大差别。大辽河水系总砷含量的变异系数为 118.8%，大辽河河口地区总砷含量的变异系数为 40.85%，珠江广州河段总砷含量的变异系数为 90.18%，而南四湖表层沉积物总砷的变异系数仅为 25.27%，从以上结果可以看出，人类活动的干扰，特别是工业污染排放和生活污水排放是影响沉积物中砷的空间分布差异的一个主要因素。对于本研究的四个区域的表层沉积物中砷的存在形态占总砷的比例有其共同点（图 4.17）：非专性吸附态砷占总砷的比例均较小；在不同水体表层沉积物中专性吸附态砷占总砷的比例差别较大；而非晶质铁铝氧化物结合态砷占总砷的比例虽有所不同，但占总砷的比例都是最大的；晶质铁铝氧化物结合态砷占总砷的比例差别不大；而在不同环境中稳定性很强的残渣态砷占总砷的比例差异最为明显。这充分说明，非晶质铁铝氧化物是自然沉积物环境中影响砷的分布和存在形态的最重要的矿物。

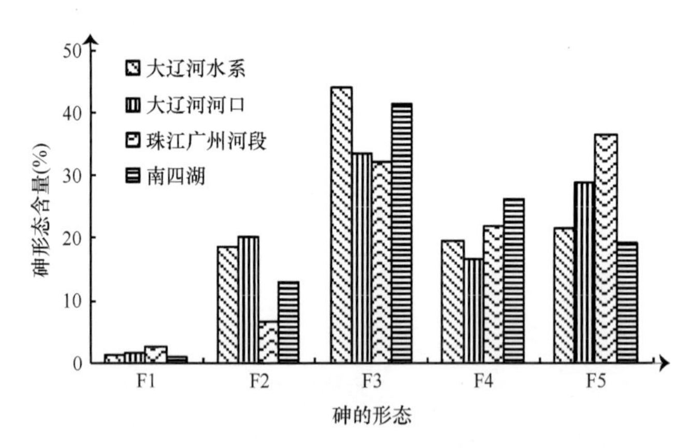

图 4.17　辽河水体沉积物、珠江广州河段沉积物、南四湖沉积物中各形态砷占总砷的百分比

4.7.3　沉积物的组成与砷含量的关系

大辽河水系沉积物中总砷与各形态砷的含量与黏土、OM、Fe、Mn、Al 的含量显著相关。此外，非晶质铁铝氧化物结合态砷和晶质铁铝氧化物结合态砷的含量也分别与 Al、Fe 和 Mn 的含量显著相关。所以，沉积物的理化性质对砷的分布和存在形态有重要的影响。大辽河河口表层沉积物中的总砷及各形态砷的含量与黏土、TOC、Fe 和 Al 具有显著的相关性，此外总砷和各形态砷之间的相关性也显著，此结果表明沉积物中砷污染的同源性。沉积物的理化性质是影响砷的分布和迁移转化的重要因素。铁铝氧化物是影响海洋沉积物含量和形态分布的重要矿

物成分。珠江广州河段沉积物中总砷与黏土含量、OM 和 Fe 含量的相关性显著，而与 Al 的含量不具备显著的相关性；南四湖沉积物中总砷与 OM 和 Fe 含量的相关性显著，而与 Al 含量的相关性不显著。珠江广州河段沉积物中非晶质铁铝氧化物结合态砷、晶质铁铝氧化物结合态砷、残渣态砷分别与非晶质铁、晶质铁、OM 的含量之间有显著相关性；而南四湖沉积物中非晶质铁铝氧化物结合态砷与 Fe 含量的相关性显著，而与 Al 含量之间的相关性不显著。因此，沉积物的理化性质也是影响珠江广州河段和南四湖表层沉积物中总砷含量及存在形态的重要因素，特别是沉积物中的铁元素。

所以，对大辽河水系及河口、珠江广州河段和南四湖四个区域表层沉积物组成和总砷与各形态砷含量的相关性分析表明：在河湖表层沉积物中，沉积物的组成成分，如黏土、OM、Fe、Al 的含量对沉积环境中砷的分布和迁移转化有重要的影响。

沉积物中的黏土矿物，特别是小于 2 μm 的部分，具有较大的比表面积，此外，黏粒还发现与许多金属氧化物有类似的结构，因此对砷会产生吸附作用，对砷在沉积物中的迁移转化有重要的影响。Corwin 等（1999）的研究也表明沉积物中砷含量与黏土含量呈正相关，高黏土含量的土壤比低黏土含量的土壤中砷的含量要高。Hartley 等（2004）研究发现在沙性土壤中砷的含量较低，特别是在碱性条件下。因此沉积物中的黏土含量对砷的迁移转化具有重要的影响。沉积物中有机质的含量与砷的含量相关性显著。沉积物和土壤中的腐殖质是砷的重要吸附剂。Saada 等（2003）发现有机质中的带正电荷的氨基官能团与砷产生吸附。Pikaray 等（2005）的研究表明砷能与有机质形成有机砷的络合物。

沉积物中的金属氧化物，特别是 Fe、Al、Mn 的氧化物，对 As(III)和 As(V)的迁移转化有重要影响（de Vitre et al.，1991）。Smedley 和 Kinniburgh（2002）的研究表明沉积物中与砷含量相关性最好的是 Fe 元素，归因于 Fe 较高的含量和其氧化物较强的吸附能力。因此，铁铝盐和铁锰盐常被用作水处理过程中的吸附剂（Edwards，1994）。本研究的不同河湖沉积物中不仅仅总砷含量与 Fe 含量的相关性显著，而且砷的形态特别是非晶质铁铝氧化物结合态砷与 Fe 含量也具有显著的相关性。充分表明 Fe、Al 的含量对沉积物中总砷及砷的存在形态有重要的影响。很多研究也发现沉积物中总砷含量与铁、铝的含量之间存在显著的线性相关性（表 4.14）。从表中可以看出，沉积物中与砷相关性最好的元素是铁元素。砷与铁含量的线性回归方程斜率的大小通常与沉积物中人为砷的输入有很大关系。

表 4.14　沉积物中砷与铁、铝含量（mg/kg）的回归分析

研究区域	回归方程	R^2	P	n	参考文献
墨西哥湾和东海岸	$[As] = 3.25\times10^{-4}[Fe] + 0.59$	0.680	<0.05	360	Daskalakis and O'Connor，1995
	$[As] = 1.68\times10^{-4}[Al] - 0.54$	0.520	<0.05	360	Daskalakis and O'Connor，1995
南加州沿海大陆架	$[As] = 1.90\times10^{-4}[Fe] + 1.49$	0.750	<0.0001	110	Schiff and Weisberg，1999
墨西哥湾	$[As] = 0.91\times10^{-4}[Al] + 1.19$	0.830	<0.001	103	Summer et al.，1996
亨伯河口	$[As] = 8.09\times10^{-4}[Fe] + 6.81$	0.747	<0.001	16	Whalley et al.，1999
	$[As] = 5.32\times10^{-4}[Al] + 9.00$	0.750	<0.001	16	Whalley et al.，1999
北海西部	$[As] = 15.40\times10^{-4}[Fe] - 4.12$	0.541	<0.1	195	Whalley et al.，1999
	$[As] = -1.19\times10^{-4}[Al] + 16.78$	0.003	—	195	Whalley et al.，1999
多格滩	$[As] = 7.31\times10^{-4}[Fe] - 0.06$	0.406	<0.001	258	Whalley et al.，1999
	$[As] = 6.09\times10^{-4}[Al] - 3.23$	0.203	<0.001	258	Whalley et al.，1999
德兴矿区	$[As] = 2.16\times10^{-4}[Al] + 2.42$	0.317	<0.01	326	Teng et al.，2009
大辽河河口	$[As] = 3.39\times10^{-4}[Al] - 11.41$	0.629	<0.001	35	本研究
	$[As] = 3.90\times10^{-4}[Fe] + 1.23$	0.732	<0.001	35	本研究
珠江广州河段	$[As] = 17.16\times10^{-4}[Fe] + 1.09$	0.701	<0.001	15	本研究
	$[As] = -10.20\times10^{-4}[Al] + 28.25$	0.044	<0.001	15	本研究
南四湖	$[As] = 7.82\times10^{-4}[Fe] - 13.78$	0.700	<0.0001	20	本研究
	$[As] = -1.30\times10^{-4}[Al] + 21.50$	0.139	<0.01	20	本研究

第5章 大辽河水系及河口沉积物对砷的吸附

为评估外源性砷和内源性砷引发的沉积物砷污染，需要研究沉积物对砷的吸附/解吸行为，通过一系列实验，模拟自然沉积物中砷的环境行为，获得沉积物对砷的最大吸附量等吸附参数，同时也更系统地了解环境因素对于沉积物对砷吸附/解吸的影响机制。关于砷的吸附机理已进行了大量的研究工作，但大部分研究都是集中于单一矿物或土壤离子，而关于河流表层沉积物对砷的吸附/解吸的研究相对较少。为了探索大辽河水系及河口表层沉积物对砷的吸附/解吸行为，本研究从吸附动力学、吸附热力学、pH、共存离子、竞争离子及吸附态砷的存在形态等方面对砷在沉积物上的吸附/解吸行为进行了系统研究。

5.1 沉积物对砷的吸附动力学

吸附动力学的实验目的是确定沉积物对砷吸附的平衡时间以及砷和沉积物接触过程中吸附的机制。本研究对 H4、T6 和 D1 三个沉积物样品的吸附动力学进行了研究，结果如图 5.1 所示。从图中可以看出，在反应 20 h 后，溶液中砷的浓度变化很小。因此，20 h 看作本研究中实验溶液的平衡时间；而且，从本实验的结果可以得出，实验所选的三个沉积物样品，其吸附平衡时间是相似的，都约为 20 h。溶液的吸附动力学过程可以用许多模型来描述，如一级反应动力学方程、二级反应动力学方程、Elovice 方程及粒内扩散方程等。通过对本实验的数据进行模拟，可知一级反应动力学方程和粒内扩散方程较好地适用于本实验的吸附动力学数据。

一级反应动力学方程如下：

$$\lg(q_e - q) = \lg q_e - \frac{k_{ad}}{2.303} t \tag{5.1}$$

式中，q 和 q_e 分别代表某一时间 t(h)和平衡时溶液中砷的浓度（mg/kg），k_{ad} 是一级反应动力学方程常数（h^{-1}）。

本研究中沉积物 H4、T6 和 D1 的 k_{ad} 的值分别是 8.01×10^{-2} h^{-1}，8.71×10^{-2} h^{-1} 和 9.79×10^{-2} h^{-1}（表 5.1）。有研究发现，在初始浓度为 1.0 mg/L 时，As(Ⅴ)被骨炭吸附的 k_{ad} 的值为 6.4 h^{-1}（Chen et al.，2008）。Jain 等（2004）研究发现欣登河沉积物吸附 Zn 时，k_{ad} 的值是 2.42 h^{-1}；而在初始浓度为 30 mg/L 时，沉积物对磷的

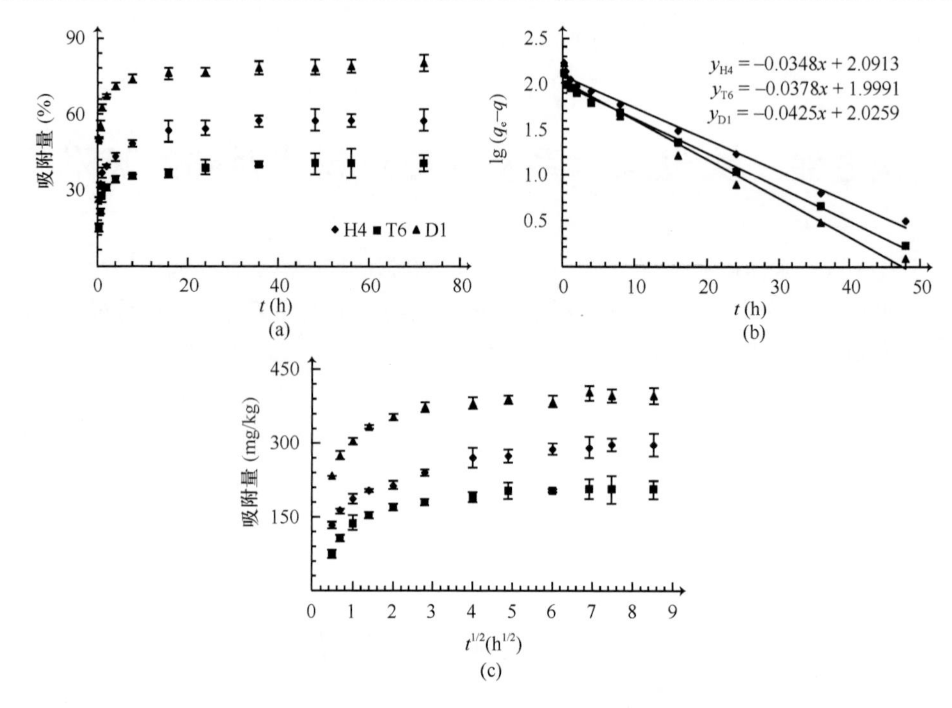

图 5.1 反应时间对沉积物吸附砷的影响

(a)吸附动力学；(b)一级动力学模型；(c)粒内扩散模型

吸附动力学研究表明，k_{ad}的值分别是 0.84 h^{-1}、3.24 h^{-1} 和 0.96 h^{-1}（Ozacar，2003；Namasivayam and Sangeetha，2004；Babatunde and Zhao，2010）。因此，不同的吸附剂，不同的初始浓度对不同重金属吸附的 K_{ad} 的值差别较大。

粒内扩散方程（Weber and Morris，1963）如下：

$$q=k_{id}t^{1/2} \tag{5.2}$$

式中，q 代表时间 t（h）时溶液中砷的浓度（mg/kg）；k_{id} 是粒内扩散速率常数[mg/(kg·$h^{1/2}$)]。

研究表明对大多数吸附过程，吸附量 q 与 $t^{1/2}$ 成比例关系，而与 t 不成比例关系（Weber and Morris，1963）。本实验 H4、T6 和 D1 点沉积物对砷的吸附量 q 与 $t^{1/2}$ 的线性关系如图 5.1(c)所示。理想的粒内扩散模拟曲线应该是通过原点的，然而，本实验中所有的吸附曲线的形状都是类似的：开始的一部分是曲线，然后是一条斜线，最后一部分是接近平直的直线。分子扩散的过程及曲线的性质以及已有的研究结果表明：开始的曲线部分是溶液到吸附剂扩散的结果，斜线部分是粒内扩散的结果，最后的直线表明吸附达到平衡。所以，吸附动力学结果表明：溶液中的砷通过溶液-颗粒界面，扩散至颗粒的孔隙内，吸附在可利用的沉积物表面的吸附点上。因此，本实验的结果也说明了溶液中砷离子的吸附过程包括粒内扩散过程，但并不是控制吸附速率的唯一过程。

本实验 H4、T6 和 D1 点沉积物 k_{id} 的值分别是 73.28 mg/(kg·h$^{1/2}$)、83.59 mg/(kg·h$^{1/2}$)和 104.36 mg/(kg·h$^{1/2}$)（表 5.1）。研究发现老化的生物膜材料对 As(Ⅴ)吸附的 k_{id} 值为 9.38 mg/(kg·h$^{1/2}$)（Sahabi et al.，2009）。在初始浓度为 1 mg/L 时，沉积物对 Zn 吸附的 k_{id} 值为 137.65 mg/(kg·h$^{1/2}$)（Jain et al.，2004）。

表 5.1　沉积物吸附实验参数

采样点	Langmuir 模型			线性模型				C_w (mg/L)	k_{ad} (h^{-1})	k_{id} [mg/(kg·h$^{1/2}$)]
	k (mg/L)	Q_{max} (mg/kg)	R^2	NAAs (mg/kg)	EAsC$_0$ (mg/L)	K_p (L/kg)	R^2			
H1	0.406	737.38	0.98	3.286	0.0090	0.364	0.99	0.00747		
H3	0.314	624.36	0.99	1.404	0.0042	0.332	0.98	0.00058		
H4	0.409	786.61	0.99	2.172	0.0052	0.418	0.99	0.00117	8.01×10^{-2}	73.28
H7	0.309	727.45	0.99	1.378	0.0036	0.378	0.99	—		
HB3	0.180	621.75	0.99	1.543	0.0091	0.169	0.98	—		
T1	0.221	355.28	0.97	0.531	0.0040	0.134	0.99	0.00012		
T3	0.186	501.59	0.99	0.875	0.0027	0.329	0.99	0.00257		
T6	0.270	289.75	0.97	0.190	0.0013	0.144	0.98	0.00047	8.71×10^{-2}	83.59
D1	0.751	797.56	0.99	2.846	0.0086	0.329	0.97	0.00093	9.79×10^{-2}	104.36
D2	0.230	642.66	0.99	2.382	0.0101	0.237	0.98	0.00128		
D3	0.171	579.71	0.99	2.834	0.0173	0.163	0.97	0.00082		
8	0.109	488.02	0.99	2.928	0.0392	0.075	0.99			
10	0.149	472.14	0.99	4.093	0.0447	0.092	0.98			
19	0.408	427.16	0.99	0.878	0.0022	0.393	0.98			
28	0.127	380.82	0.99	2.603	0.0314	0.083	0.99			
31	0.349	399.11	0.99	3.182	0.0123	0.260	0.97			
33	0.581	115.94	0.99	0.214	0.0032	0.067	0.99			

5.2　沉积物对砷的吸附热力学

沉积物通过吸附/解吸作用对水体中砷的浓度产生较大的影响。本实验在浑河、太子河、大辽河及大辽河河口地区各选取典型沉积物样品进行吸附等温实验，以研究大辽河水系及河口表层沉积物吸附砷能力的大小。

大辽河水系及河口沉积物对砷的吸附量随溶液浓度的增加而增加（图 5.2）。沉积物对砷的吸附量在反应开始阶段呈迅速上升趋势，然后缓慢上升，这与反应刚开始，砷酸根离子首先占据了亲和力较弱的低能吸附点位有关。此时，沉积物中有较多的吸附点位，所以，初始浓度较低的砷溶液很快被沉积物吸附。随着外加砷浓度的增加，沉积物表面上的低能吸附点位逐渐饱和，同时砷离子进入高能点位上，界面吸附反应减慢，反应趋向平衡。

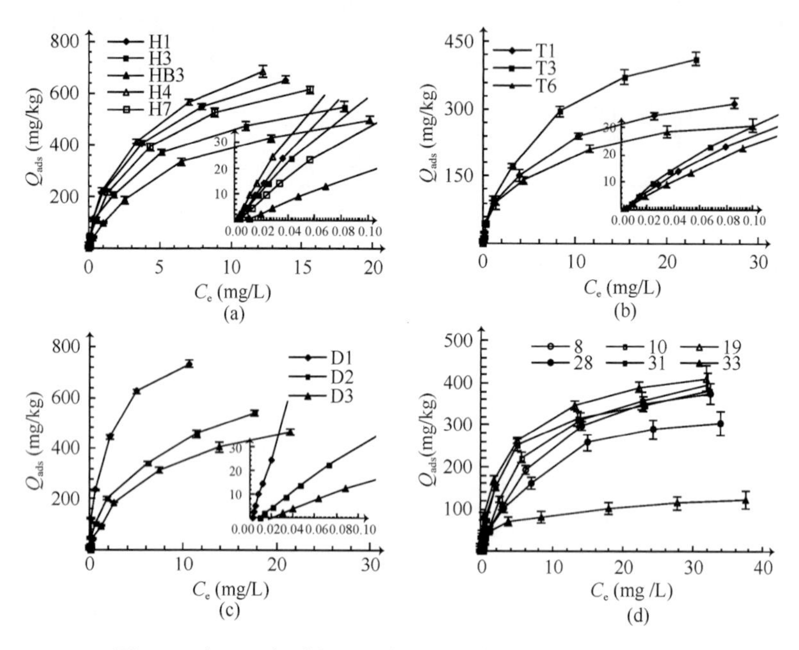

图 5.2　大辽河水系和河口表层沉积物对砷的吸附等温线

(a)浑河；(b)太子河；(c)大辽河；(d)大辽河河口

用于描述无机酸盐在沉积物上吸附的热力学模型很多，由图 5.2 可知，在整个实验浓度范围内，砷在大辽河水系及河口沉积物上的吸附符合 Langmuir 吸附等温方程，如下：

$$Q_{ads}=\frac{Q_{max}C_e}{k+C_e} \tag{5.3}$$

式中，Q_{ads} 为沉积物的吸附量（mg/kg）；C_e 为反应后溶液的平衡浓度（mg/L）；Q_{max} 为沉积物的最大吸附量（mg/kg）；k 为沉积物的结合常数（mg/L）。

由于自然沉积物都含有一定量的砷，这部分砷的含量也参与了沉积物的吸附/解吸，因此，在研究沉积物吸附砷的性质时，应该考虑沉积物的砷本底吸附量（NAAs）。在低浓度下，沉积物向水体释放砷，是砷的“源”，在高浓度下，沉积物从水体吸附砷，是砷的“汇”。因此，我们用线性方程来估算沉积物的 NAAs 和净吸附量为 0 时溶液砷浓度值（$EAsC_o$）：$Q_{ads}=K_pC_{eq}-NAAs$。

在求得 NAAs 和 $EAsC_o$ 的基础上，可以求得 K_p 的值：

$$K_p = NAAs/EAsC_o \tag{5.4}$$

式中，K_p 为分配系数，是用来描述沉积物吸附能力强弱的参数（L/kg）。

大辽河水系和河口表层沉积物对砷的吸附等温线如图 5.2 所示，所有参数见表 5.1。大辽河水系表层沉积物的最大吸附量 Q_{max} 的范围为 289.75～797.56 mg/kg，大辽河河口表层沉积物的最大吸附量 Q_{max} 的范围为 115.94～488.02 mg/kg。沉积物中铁铝氧化物对沉积物的吸附性能有重要的影响。本研究中大辽河水系及河口表层沉积物的 Q_{max} 与 Fe、Al 含量的相关性如图 5.3 所示。大量的研究对于纯矿物对砷的最大吸附量进行了有效的计算。例如，在 pH 为 7.5，初始浓度为 5～20 mg/L 时，纤铁矿对 As(Ⅴ)的最大吸附量为 141300 mg/kg（Cumbal et al.，2003）；在 pH 为 9.0，初始浓度为 0～60 mg/L 时，HFO 和针铁矿对 As(Ⅴ)的最大吸附量分别为 7000 mg/kg 和 4000 mg/kg（Lenoble et al.，2002）。相对于纯矿物，沉积物的最大吸附量要小得多。由于沉积物是一个非均质系统，沉积物的很多性质，如矿物组成、本底砷的含量、酸碱性、有机质的含量及竞争离子的浓度等，都有可能影响其对砷的吸附。所以，纯矿物对砷的最大吸附量要比自然沉积物大得多。

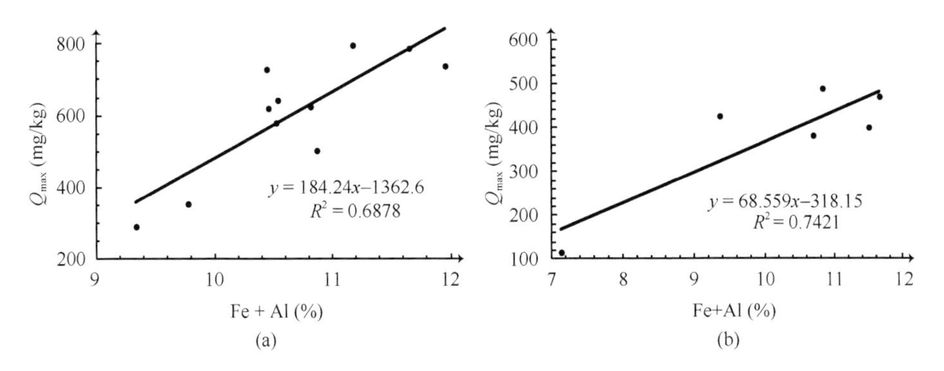

图 5.3　沉积物最大吸附量（Q_{max}）与 Fe、Al 含量的相关性

(a)大辽河水系；(b)大辽河河口

低浓度时，溶液中砷的平衡浓度和吸附量之间的关系如图 5.4 所示。由图可知，所有采样点的沉积物都存在负吸附现象，即在某些情况下，溶液中砷浓度不但没有下降，反而升高，其原因就是沉积物中的 NAAs 的存在。由图 5.5 可知，NAAs 与铁、铝的含量呈正相关，此结果表明沉积物中的铁、铝的含量对 NAAs 有重要的影响。本研究中浑河和太子河采样点（除 H1 点）的 NAAs 的范围为 0.190～3.286 mg/kg，而大辽河表层沉积物 NAAs 的范围为 2.382～2.846 mg/kg；大辽河河口表层沉积物NAAs的范围为 0.214～4.093 mg/L，平均值为 2.316 mg/kg。

大辽河沉积物 NAAs 的含量明显高于浑河和太子河，这可能与大辽河沉积物铁、铝含量普遍高于浑河和太子河有关系。

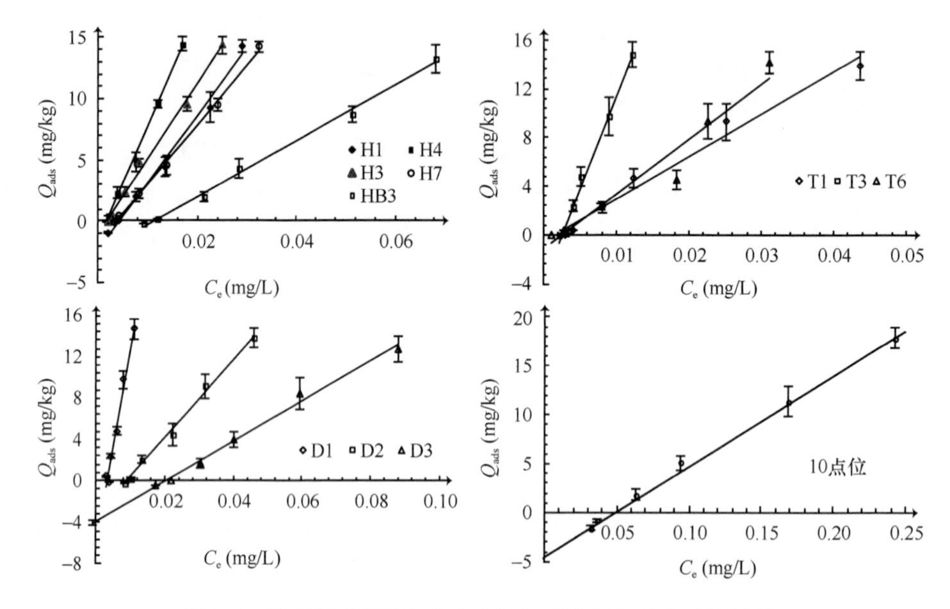

图 5.4　低浓度时溶液中砷的平衡浓度和吸附量之间的关系

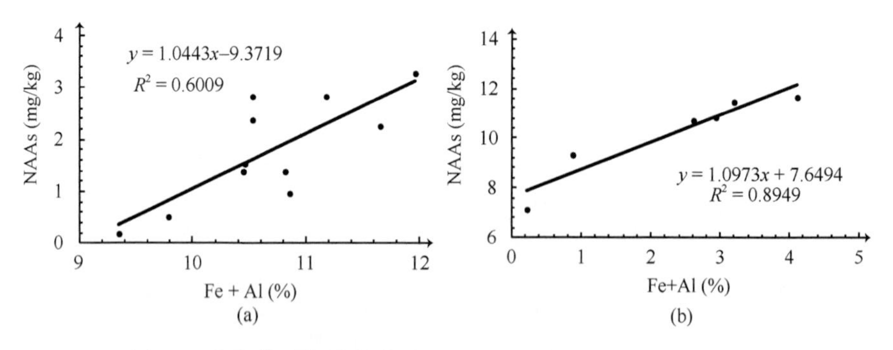

图 5.5　沉积物本底砷吸附量（NAAs）与铁、铝含量的相关性

(a)大辽河水系；(b)大辽河河口

$EAsC_0$ 之所以被强调，是因为该参数在描述可溶性砷的迁移转化时是很重要的参数，也是表征沉积物中砷释放风险的一个重要参数。利用它可以更好地理解沉积物中砷的吸附/解吸。当沉积物对砷的解吸量等于沉积物对砷的吸附量时，沉积物对砷的吸附/解吸达到平衡，此时溶液中砷的浓度为 $EAsC_0$。低的 $EAsC_0$ 值反映了水体沉积物有较强的砷缓冲能力。$EAsC_0$ 与其上覆水中砷浓度的差值可以表征沉积物中的砷是否有向水体迁移的趋势。由于自然沉积物在进行实验前含有

NAAs，当 $EAsC_0$ 高于上覆水中的可溶性砷的浓度时，沉积物中的 NAAs 就会释放到水中；反之，当 $EAsC_0$ 低于上覆水中可溶性砷的浓度时，沉积物就会吸附上覆水中的可溶性砷。因此，较高的 $EAsC_0$ 标志着沉积物有较高的向水中释放砷的风险。大辽河水系沉积物，$EAsC_0$ 的最小值是 T6 点沉积物的 0.0013 mg/L，最高点是 D3 点沉积物的 0.0173 mg/L，所有采样点上覆水中的可溶性砷的浓度都低于 $EAsC_0$。大辽河河口表层沉积物 $EAsC_0$ 最小值为 19 点的 0.0022 mg/L，最大值为 10 点的 0.0447 mg/L，其所有沉积物的 $EAsC_0$ 值都高于上覆水中砷的浓度。因此，大辽河水系及河口沉积物都有向上覆水中释放砷的风险。

大辽河水系沉积物 K_p 和 k 的值分别为 0.134～0.418 L/g 和 0.171～0.409 L/mg；大辽河河口表层沉积物 K_p 和 k 的值分别为 0.067～0.393 L/g 和 0.109～0.581 L/mg。K_p 和 k 分别表示沉积物对本底砷和外加砷的结合常数，可用来衡量沉积物对砷的吸附效率。K_p 和 k 的绝对值越大，说明相同条件下单位质量的沉积物吸附砷的量越多。K_p 的值与沉积物本身的物理化学性质和温度等环境因素有重要关系。所以，沉积物中 Fe 的含量是影响沉积物吸附效率的重要因素之一，而且铁氧化物结合态砷也是沉积物中砷的主要存在形态。有关砷与铁氧化物的吸附/解吸进行了大量的研究。例如，当 pH 为 7 时，HFO、针铁矿、赤铁矿和高岭土对 As(Ⅴ)的结合常数分别是 460 L/mg、1.8 L/mg、0.025 L/mg 和 0.76 L/mg（Pierce and Moore，1982；Xu et al.，1988；Bowell，1994）。也有很多学者对自然沉积物或土壤对砷的结合常数进行了研究。例如，Sullivan 和 Aller（1996）研究了亚马逊河沉积物的 k 值为 0.011～5 L/g，加利福尼亚某地土壤样品的 k 值为 0.01～0.08 L/g（Manning and Goldberg，1997b），孟加拉湾沉积物的 k 值为 0.011～0.2 L/mg。上述结果表明：沉积物的理化性质、砷的种类、上覆水中砷的浓度及共存离子的浓度对 k 值有重要的影响；纯的矿物一般比自然沉积物有较高的 k 值，同时也反映了纯的矿物的高吸附性能。

5.3　pH 对砷吸附的影响

pH 是影响砷在沉积物中迁移转化的一个重要的环境因素。本实验研究了 pH 在 3～12 范围内，沉积物对砷吸附的变化（以 D2 点沉积物为例），结果如图 5.6 所示。结果表明：当 pH 为 4.5～7 时，沉积物对砷的吸附量最大，最大吸附效率可达到 91%。当 pH＜4.5 或 pH＞7 时，沉积物对砷的吸附逐渐减弱。Raven 等（1998）研究表明，在 pH＜7 时水铁矿对砷的吸附量达到最大。Lindsay（1979）研究发现当 pH＜4.5 时，沉积物中某些矿物的溶解，特别是铁铝氧化物的溶解，能够减少沉积物对砷的吸附。当 pH 为 4.5～7 时，由于配位体 OH_2 比 OH^- 更易于从带正电荷的矿物表面解吸，所以配位体 OH_2 对砷的吸附可能有更大的影响。当 pH＞7 时，砷吸附量的减少，可能是由电负性的砷酸根离子与矿物表面的静电排斥作用引起的。

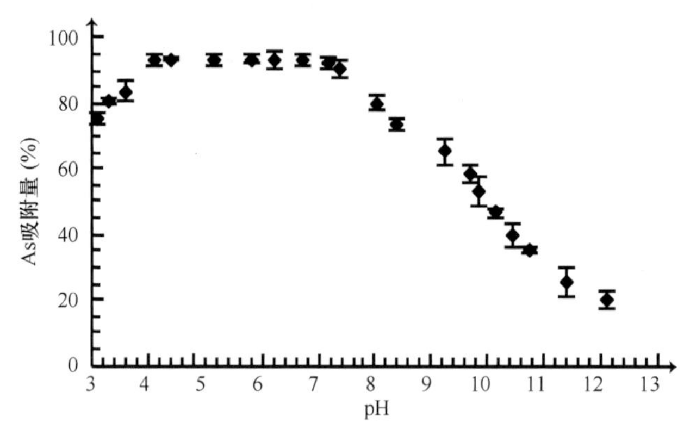

图 5.6　pH 对沉积物吸附砷的影响

5.4　竞争离子对砷解吸的影响

竞争离子对沉积物中砷的迁移转化有重要的影响。例如，磷酸根离子与砷酸根离子对矿物表面的吸附点位能产生强烈的竞争作用。本研究对不同 pH 条件下，磷酸根离子对沉积物吸附态砷的解吸进行了研究（以 D2 点沉积物为例），结果如图 5.7 所示。结果表明：尽管在整个 pH 范围内，沉积物都能吸附一定量的砷；但在较低和较高 pH 时，砷的解吸量较大，在 pH 为 3.2 和 12 时，砷的解吸量分别是 35.2 mg/kg 和 33.25 mg/kg。在 pH 为 8.5 时，砷的解吸量最低，为 15.32 mg/kg。所以，磷酸根离子在沉积物表面能与砷产生强烈的竞争吸附。Lindsay（1979）的研究表明：极端 pH（强酸或强碱）条件能导致沉积物中矿物的溶解。矿物的溶解能导致砷酸根离子和矿物表面配位交换速率的提高（Mott，1981），从而导致砷解吸效率的提高。由于在 pH＜5 时沉积物对磷酸根离子有强烈的吸附，所以，磷酸根离子与砷酸根离子对吸附点位有强烈的竞争作用，导致更多沉积物表面吸附态砷的解吸。此外，磷酸根离子的配位交换也能导致砷酸根离子的解吸；磷酸根离子与矿物表面的络合或沉淀作用（Goh and Lim，2004），可能导致矿物表面负电荷的增加，增强砷与矿物表面的静电排斥，降低砷酸根离子的吸附。

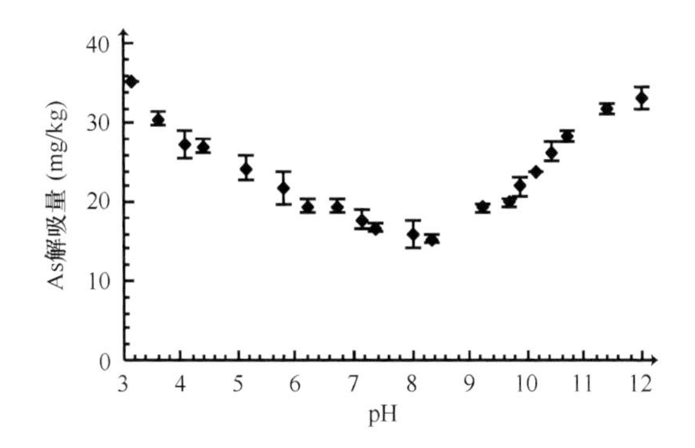

图 5.7　不同 pH 条件下，磷酸根离子对沉积物中砷解吸的影响

5.5　共存离子对砷吸附的影响

钙离子和钠离子对沉积物吸附砷的影响如图 5.8 所示（以 D2 点沉积物为例）。结果表明：在 pH＞7 时，钙离子能促进砷的吸附。在 pH 为 12 时，含钙离子的溶液中大约有 60%的砷被吸附；而在有钠离子的溶液中仅有 7.5%的砷被吸附。以前的研究发现钙离子能提高土壤中铁铝氧化物对砷的吸附（Wilkie and Hering，1996），这与本研究的实验结果一致。在所有钙和钠离子的溶液中，当 pH 在 3～7 时，沉积物对砷的吸附都是达到最大量；当 pH＞7.5 时，在所有含钙离子的溶液中，砷的吸附量都呈现减少的趋势，但不同浓度的钙离子溶液对砷的吸附没有明显的差异。随着溶液中钠离子浓度的升高，砷的吸附量略显增加的趋势。由于钠离子浓度的增加，会导致带负电荷的氢氧化物表面和 OH^-之间的排斥电势的降低，从而导致砷吸附量的增加。当 pH＞7 时，二价钙离子能使离子间的排斥电势降低，同时二价钙离子比钠离子更有利于矿物表面的负电荷减少，给砷的吸附提供了更多吸附位，所以钙离子比钠离子更能促进沉积物对砷的吸附。因此，本实验的结

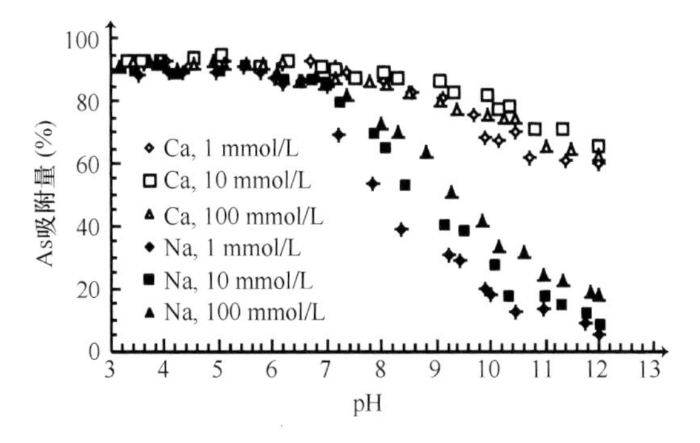

图 5.8　共存离子（Ca^{2+}和 Na^+）对沉积物吸附砷的影响

果表明：在含有一定浓度钠离子或钙离子的溶液中，表面电荷的作用是影响沉积物对砷吸附的重要因素，这与已有的研究结果一致（Wilke and Hering，1996）。

5.6 沉积物吸附态砷的存在形态

本研究对沉积物吸附态砷的存在形态进行了分析（以 D2 点沉积物为例），结果如图 5.9 所示。结果表明：砷被沉积物吸附后主要转化为专性吸附态，其次是非晶质铁铝氧化物结合态；其他形态砷的含量变化很小。只有在砷的初始浓度较高时，弱吸附态砷的含量才会略有增加。例如，当砷的初始浓度从 0.02 mg/L 升高至 20 mg/L 时，沉积物中 F2 和 F3 的含量分别从 6.6 mg/kg 和 5.1 mg/kg 升高至 206.7 mg/kg 和 115.5 mg/kg；而 F1、F4 和 F5 的含量分别从 0.11 mg/kg、1.50 mg/kg 和 2.40 mg/kg 升高至 14.39 mg/kg、3.68 mg/kg 和 10.16 mg/kg。因此，专性吸附是大辽河沉积物对砷的主要吸附机制，非晶质铁铝氧化物是沉积物中对砷产生吸附的重要矿物。

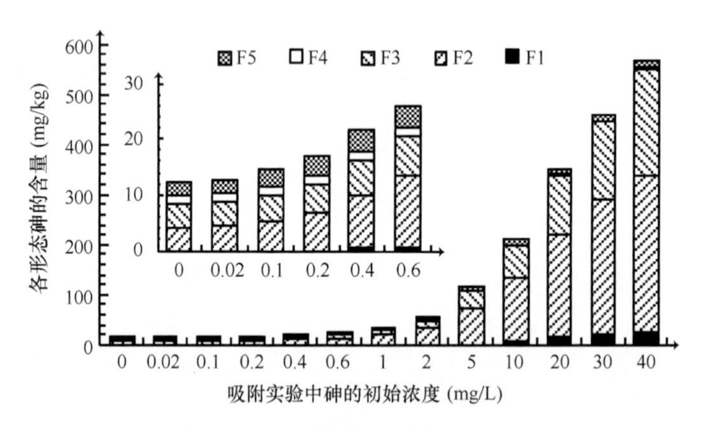

图 5.9 沉积物吸附态砷的存在形态

5.7 小 结

本章对大辽河水系及河口表层沉积物样品对砷的吸附/解吸的规律和机制进行了分析和探讨。实验结果表明：一级反应动力学方程和粒内扩散方程模型能较好地模拟动力学实验数据，沉积物对砷吸附的过程及模拟的结果表明，粒内扩散机制虽然是沉积物吸附砷的一个重要过程，但不是唯一的吸附速率控制过程。Langmuir 吸附等温模型能很好地模拟吸附等温实验数据；在水体中砷的浓度较低时，沉积物本底吸附砷（NAAs）会释放到水中，存在负吸附现象。从 $EAsC_0$ 与上覆水中砷浓度比较的结果可以得出，大辽河水系及河口沉积物都有向上覆水释放砷的趋势，有一定的环境风险。在 pH 为 4.5～7 时，沉积物对砷的吸附量最大。通过不同离子强度的共存离子对吸附的影响实验结果可以看出，Ca^{2+}更能促进沉积物对砷的吸附。在所研究的 pH 范围内，pH 较高和较低时，磷酸盐可引起沉积物吸附态砷较大的解吸量，当 pH 在 8.5 左右时，其解吸量最小。对于 D2 点沉积物，55.6%～65.3%、14.9%～37.8%、0.5%～1.6%和 1.6%～23.5%的沉积物吸附态砷分别转化为专性吸附态、非晶质铁铝氧化物结合态、晶质铁铝氧化物结合态和残渣态砷；砷被沉积物吸附后，主要转化为专性吸附态和非晶质铁铝氧化物结合态，所以，铁铝氧化物是影响沉积物中砷吸附的主要矿物。

第 6 章　碳源对沉积物中砷迁移转化的影响

大量研究表明，微生物对自然界中砷的环境地球化学行为有重要的影响（Newman et al.，1998；Oremland and Stolz，2003）。微生物通过去毒化和异化还原等方式使环境中的 As(Ⅴ)转化为 As(Ⅲ)。已经发现自然界中很多微生物可以把 As(Ⅴ)还原为 As(Ⅲ)。微生物在吸收磷的过程中也可能吸收大量的砷，为了降低 As(Ⅴ)的毒性，把 As(Ⅴ)还原为 As(Ⅲ)，As(Ⅲ)的迁移性比 As(Ⅴ)强（Rosen et al.，1994）。微生物的这种还原去毒化反应在好氧和厌氧环境下都能发生，但这一过程并不能产生其新陈代谢所需要的能量。而许多厌氧微生物可以通过 As(Ⅴ)的还原和有机物的氧化获得生存和维持细胞正常功能所需的能量；同时，异化砷还原菌在呼吸过程中用 As(Ⅴ)作为电子受体，所有这些都是 As(Ⅴ)直接转化为 As(Ⅲ)的微生物转化过程。

除了上述 As(Ⅴ)的直接还原外，微生物还能通过 Fe（Ⅲ）氧化物的还原溶解而提高砷的迁移性（Lovley，1993；Grantham et al.，1997）。在土壤和沉积物环境中，铁是含量丰富且反应性较强的元素，铁的（氢）氧化物易于通过吸附和共沉淀等方式与其他的微量金属或类金属发生反应。在厌氧环境下，异化铁还原菌能够溶解含铁矿物(无论是晶质还是非晶质)，从而使 Fe(Ⅲ)转化为易溶解的 Fe(Ⅱ)，在此过程中，与铁的矿物结合的砷也就释放到溶液中。

6.1　沉积物中砷含量的变化

在好氧和厌氧的条件下，当向沉积物中添加葡萄糖和乳酸时，砷的浓度随着时间变化而发生明显的改变。非灭菌溶液中砷的浓度变化比灭菌溶液更为明显，向沉积物中添加碳源时，极大地提高了沉积物中砷的释放。

在好氧条件下，向沉积物中添加葡萄糖和乳酸时，灭菌和非灭菌溶液中砷浓度的变化如图 6.1 所示。在整个实验过程中，向非灭菌溶液中添加葡萄糖和乳酸时，砷的浓度是逐渐增大的趋势，到实验结束时，溶液中砷的浓度分别是 948.4 μg/L 和 302.5 μg/L。向灭菌沉积物中添加上述两种碳源时，整个实验过程中溶液中砷的浓度没有发生明显的变化。溶液中 As(Ⅲ)的浓度基本都保持在 25 μg/L，没有发生明显的变化。因此，溶液中的砷主要是 As(Ⅴ)。

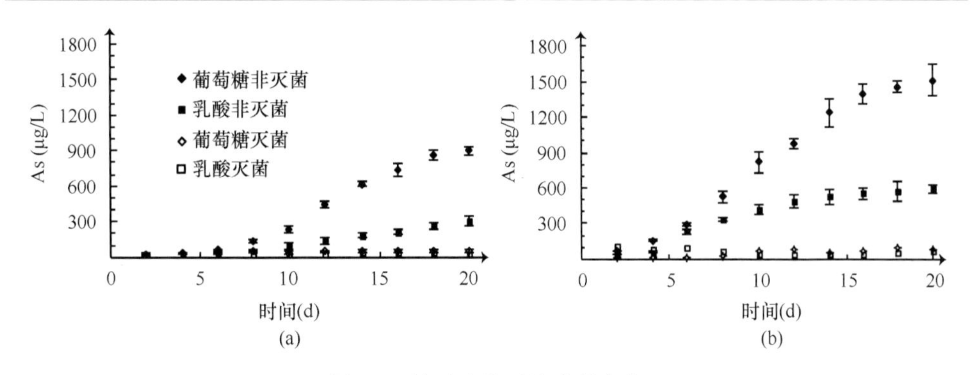

图 6.1　溶液中总砷浓度的变化

(a)好氧条件；(b)厌氧条件

在厌氧条件下，当向沉积物中添加葡萄糖和乳酸时，非灭菌溶液中砷的浓度比灭菌溶液中砷浓度增大的趋势与在有氧条件下相比更为明显。在非灭菌溶液中，从第 4 天开始，砷的浓度开始升高。当加入乳酸和葡萄糖时，实验结束时，溶液中砷的浓度分别是 556.9 μg/L 和 1446.4 μg/L，As(Ⅲ)的浓度分别是 135.4 μg/L 和 425.8 μg/L（图 6.2），所以，在厌氧条件下，微生物引起沉积物中更多的砷向溶液释放，特别是当向溶液中加葡萄糖时。当向灭菌沉积物中添加乳酸和葡萄糖时，溶液中的 As(Ⅲ)和 As(Ⅴ)的浓度都没有明显的变化。这些结果充分表明：葡萄糖对沉积物中的微生物是更为有效的碳源。

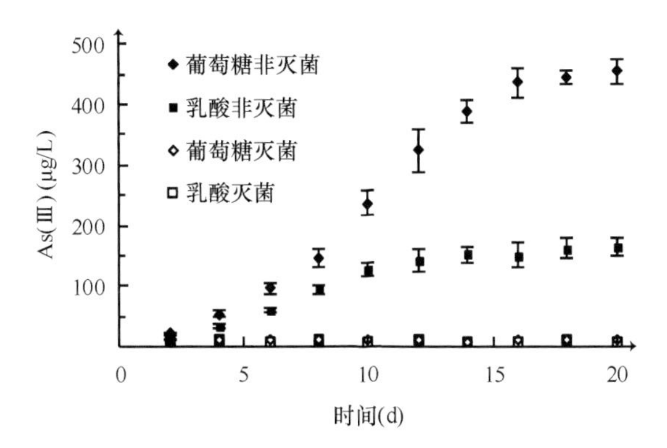

图 6.2　厌氧条件下溶液中 As(Ⅲ)浓度的变化

6.2　沉积物中铁含量的变化

好氧条件下，当向非灭菌沉积物中添加乳酸和葡萄糖时，溶液中铁的浓度分别从 7.4 mg/L 和 9.3 mg/L 升高到 67.4 mg/L 和 135.2 mg/L（图 6.3）。在厌氧条件下，当向非灭菌沉积物中添加葡萄糖时，在整个实验过程中溶液中铁的浓度升高的趋势非常明显，铁的浓度从第 2 天就有明显的升高，其最大浓度分别是 115.6 mg/L 和 287.5 mg/L。而且，溶液中的铁的浓度在厌氧条件下比好氧条件下要高。然而，在好氧和厌氧条件下，灭菌沉积物的乳酸和葡萄糖溶液中铁的浓度都没有明显的变化趋势。因此，当向沉积物提供有效的碳源时，沉积物中的微生物能够导致更多铁的释放。虽然向溶液中释放的铁和砷的浓度有较大差别，但从其变化趋势来看，铁的释放明显地早于砷的释放。而且，在好氧条件下，溶液中主要是 Fe(Ⅲ)，在厌氧条件下，溶液中主要是 Fe(Ⅱ)。

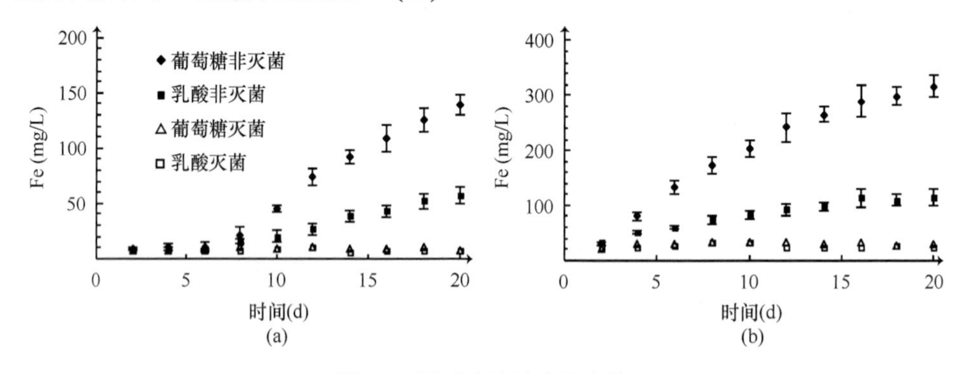

图 6.3 溶液中铁浓度的变化

(a)好氧条件；(b)厌氧条件

6.3 体系 pH 的变化

溶液的 pH 是控制砷环境化学的一个重要因素。好氧条件下，灭菌溶液的 pH 为 5.8～6.2（图 6.4）。灭菌沉积物样品的 pH 在整个实验过程中变化不大，而非灭菌沉积物溶液的 pH 在 2 天后就降到 4.8，到实验结束，溶液的 pH 为 3.7～4.0。在

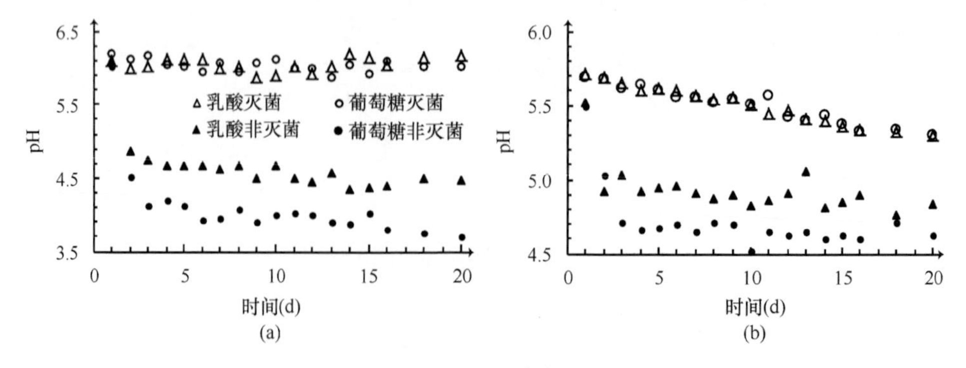

图 6.4 溶液中 pH 随时间的变化

(a)好氧条件；(b)厌氧条件

厌氧条件下，灭菌溶液的 pH 从开始的 5.7 逐渐降低到 5.3，而非灭菌溶液的 pH 从开始的 5.5 降低到 4.7～5.0。pH 的降低可能有助于沉积物中铁氧化物的溶液，从而导致砷的释放。

6.4 小　　结

本研究中，非灭菌沉积物溶液中砷的浓度明显高于灭菌沉积物，而且，对于非灭菌溶液，厌氧条件下比好氧条件下的溶液中砷的浓度要高。因此，沉积物中的微生物对砷的释放有重要的影响。添加葡萄糖的溶液比添加乳酸的溶液中砷的浓度要高，所以，有效的碳源是影响沉积物中微生物溶出砷的重要因素。原始沉积物中铁结合态砷占总砷的 40%，在实验过程中，尽管溶液中铁的浓度和砷的浓度不同，但溶液中二者的变化趋势相同。此外，把溶液中砷、铁的浓度做回归分析，结果表明：添加两种碳源的非灭菌溶液中二者的相关性显著（图 6.5）。

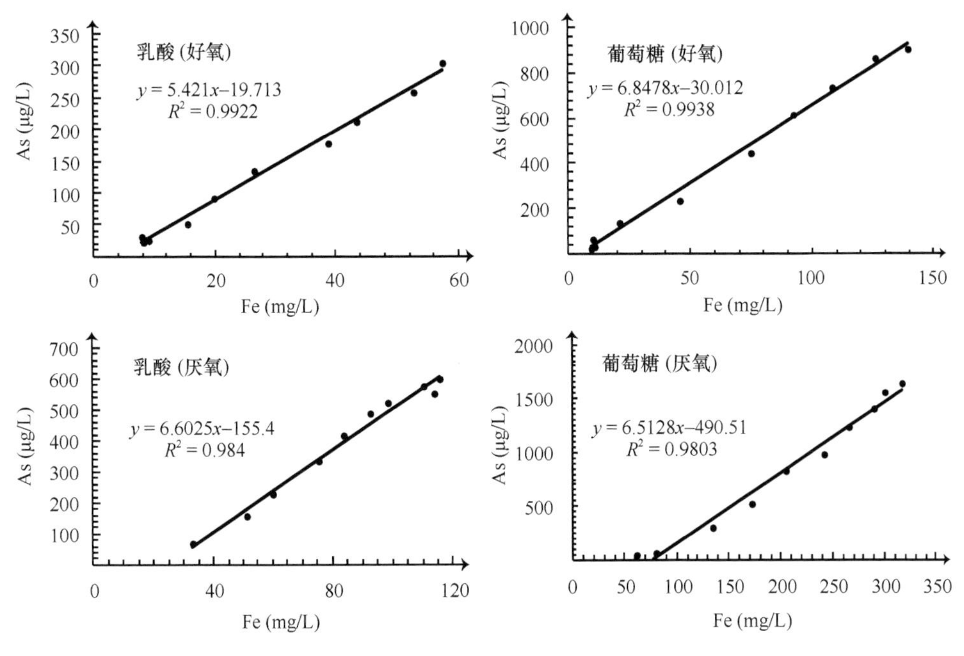

图 6.5　溶液中砷和铁的相关性

微生物在新陈代谢过程中把 As(Ⅴ)还原为 As(III)，从而产生能量，使砷的毒性降低。由于土壤或沉积物中铁的含量一般都高于砷的含量，因此，三价铁氧化物的还原溶解比砷的直接还原溶解反应更为强烈。实际上，微生物引起的铁氧化物的还原溶解比砷的还原溶解更有利于能量的产生，在 H^+ 为电子受体时，三价铁、五价锰等金属离子的还原能产生更多的能量（Newman et al.，1998）。

好氧条件下，非灭菌沉积物样品中砷含量的增加主要是由微生物活动引起矿物溶解所致，已经有很多研究证实了这一点（Bennett et al.，1996；Ullman et al.，1996；Grantham et al，1997；Fein et al，1999）。配合反应和质子化反应是提高矿物溶解速率的主要反应机制。微生物在新陈代谢过程中，能产生大量的小分子有机酸和胞外聚合物（EPS），这两种物质能够有效地导致矿物的溶解（Vandevivere et al.，1994；Welch and Vandevivere，1994；Ullman et al.，1996）。此外，在新陈代谢过程中，微生物还能通过质子推动力向细胞外排出质子（Urrutia et al.，1992）。有机酸和质子化都能引起溶液 pH 的降低，这可能有助于沉积物中铁氧化物的溶解，从而导致砷的释放。因此，很多情况下，微生物的新陈代谢能够有效提高矿物的溶解速率。在本实验中，灭菌沉积物溶液的 pH 在整个实验过程中基本保持不变，而非灭菌样品沉积物在 2 天后即发生明显的降低，所以，pH 的降低主要是由微生物新陈代谢所产生的，也是引起矿物中砷释放的最主要因素。好氧条件下，溶液中砷和铁的显著相关性也证明了这一点。

厌氧条件下，溶液中砷和铁的含量也呈明显的相关性。以前的研究表明：在厌氧条件下，铁氧化物的还原溶解能导致砷的释放（Lovley et al.，1987；Lovley，2001）。而且，从本研究的实验结果可以看出，铁氧化物的还原溶解比配合反应和质子化反应更能促进砷的释放。但是，本研究没有具体分析出铁氧化物的还原溶解是由砷还原菌还是铁还原菌所致。

总之，从本研究的实验结果可以看出，当向沉积物中提供有效碳源时，无论是在好氧还是厌氧环境下，都能活化沉积物中微生物的活动，从而提高沉积物中砷的释放，增强砷污染的环境风险。而且，在氧气含量非常有限的厌氧环境下，反应比在好氧环境下强烈得多。而且，在厌氧条件下，溶液中的 As(Ⅴ)浓度随时间变化而减小，转化为 As(Ⅲ)是其中的一个主要原因；此外，微生物产生的挥发性气体及有机砷化合物的生成有可能是导致 As(Ⅴ)浓度减小的另外一个重要机制（Meyer et al.，2007），这需要进一步的研究。

厌氧条件下，在异化还原过程中，微生物伴随着能量的产生和砷的去毒化。异化还原可能是溶液中 As(Ⅴ)还原为 As(Ⅲ)的一个重要机制，而且重金属元素的微生物异化还原作用仅在厌氧条件下发生。此外，溶液中 As(Ⅲ)浓度有继续升高的趋势，也验证了厌氧条件下重金属异化还原作用的存在，这与已有的很多研究结果是一致的（Ahmann et al.，1994；Oremland et al.，1994；Macy et al.，1996；Laverman et al.，1995；Newman et al.，1997）。虽然微生物不一定能还原在矿物晶格中或吸附在铁氧化物里面的砷，但一旦 As(Ⅴ)释放到溶液中，微生物就可能把其还原为 As(Ⅲ)。所以，本实验的结果充分说明：如果向沉积物中提供有效的碳源，沉积物中的微生物就能提高砷的释放，同时也能提高了砷的迁移性和生物有效性，特别是在厌氧条件下，As(Ⅴ)可以通过电化学反应转化为 As(Ⅲ)。

微生物所导致的砷迁移性的提高在通过淋洗等技术治理砷污染的土壤及沉积物时也许是很有效的。可以通过向土壤或沉积物中添加一些工业副产品来增强土壤及微生物中的微生物的活动，从而导致砷的迁移，这一新颖的微生物活化技术操作起来非常方便，而且能缩减用化学提取剂等方法所带来的负面效果。

第 7 章　复合铁铝氢氧化物对砷的吸附

铁铝氢氧化物对砷在自然界的分布和迁移转化有重要的影响。有关铁铝矿物对砷的吸附/解吸已经进行了广泛的研究。pH 是影响铁铝氢氧化物对砷吸附的重要因素。研究表明：在 pH 为 3～5 时，水铁矿对 As(Ⅴ)的吸附量最大；而 pH 在 8～10 时，对 As(Ⅲ)的吸附量最大（Raven et al.，1998；Dixit and Hering，2003）。铝的氢氧化物对 As(Ⅴ)的吸附量较大，而对 As(Ⅲ)的吸附量较小（Ferguson and Anderson，1974）。在 pH 为 4～4.5 范围内，非晶质铝的氢氧化物对 As(Ⅴ)的吸附量最大（Anderson et al.，1976）。

复合铁铝氢氧化物的性质已经被量化（Anderson and Benjamin，1990）。在自然界和水处理过程中，复合铁铝氢氧化物对砷的吸附/解吸是非常重要的过程。在土壤环境中，铁铝氢氧化物是共存的（Schwertmann and Taylor，1989），因此，研究复合铁铝氢氧化物对砷的吸附/解吸机制对深入研究土壤环境中砷的环境行为有重要的意义。在水处理过程中，复合铁铝氢氧化物是常用的絮凝剂，相对于传统工艺中铁或铝氢氧化物的单独使用更有利于砷的去除和废物的管理。相对于铝氧化物，铁氧化物更有利于砷的去除（Tokunaga et al.，1999；Gulledge and Oconnor，et al.，1973；Hering et al.，1997），但是，由于氧化还原条件的改变，铁氧化物和在污水处理过程中吸附的砷又会转化为可溶态（Meng et al.，2001）。复合铁铝氢氧化物更有利于污染物的管理是因为其还原溶解的速率要慢于纯的铁氧化物；并且，在一般环境的 pH 下，复合铁铝氢氧化物与 As(Ⅴ)共沉淀的去除率比单独的铁或铝氢氧化物与 As(Ⅴ)共沉淀的去除率要高得多（Robins et al.，2005）。因此，进一步研究复合铁铝氢氧化物对砷的吸附/解吸机制对系统理解环境中砷的环境地球化学行为有重要意义。所以，本研究对不同反应条件下，如 pH、反应时间、初始浓度、共存离子及离子强度等，不同比例的复合铁铝氢氧化物对 As(Ⅴ)、MMAs(Ⅴ)和 DMAs(Ⅴ)的吸附/解吸进行了系统的研究。本实验中复合铁铝氧化物中 Al∶Fe 的摩尔比为 0∶1、1∶4、1∶1、1∶0。

7.1　吸附等温实验

三种砷 As(Ⅴ)、MMAs(Ⅴ)和 DMAs(Ⅴ)在四种不同比例组成的复合铁铝氢氧化物上的吸附等温线如图 7.1 所示，其吸附参数见表 7.1。在 pH 为 5 和 8 时，随着 Al∶Fe 摩尔比的升高（即铁含量的降低），三种砷的吸附量都呈降低的趋势，而且其 Langmuir 吸附等温式的最大吸附量（Q_{max}）和结合常数（K_L）都呈变小的趋势。在初始浓度较低时，As(Ⅴ)的吸附量明显高于 MMAs(Ⅴ)，但在较高浓度时，二者的吸附量相似。相对于 As(Ⅴ)和 MMAs(Ⅴ)，DMAs(Ⅴ)的吸附量小得多。在本实验中，DMAs(Ⅴ)在任何实验条件下都不能被大量吸附。对四种类型的复合

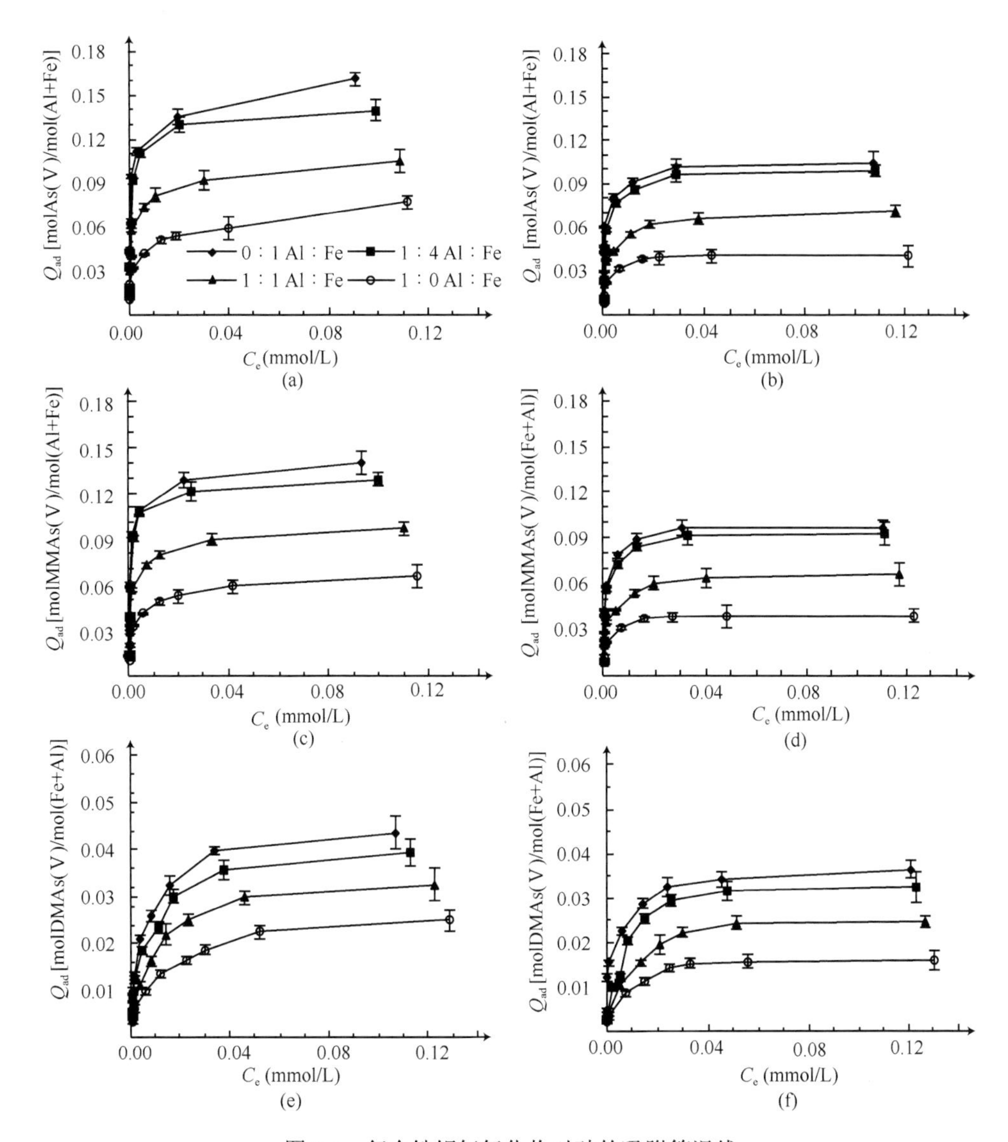

图 7.1　复合铁铝氢氧化物对砷的吸附等温线

(a) As(Ⅴ)在 pH 5；(b) As(Ⅴ)在 pH 8；(c) MMAs(Ⅴ)在 pH 5；(d) MMAs(Ⅴ)在 pH 8；(e) DMAs(Ⅴ)在 pH 5；(f) DMAs(Ⅴ)在 pH 8

表 7.1　复合铁铝氢氧化物对砷的吸附参数

pH	吸附剂	As(Ⅴ)			MMAs(Ⅴ)			DMAs(Ⅴ)		
		K_L	Q_{max}	R^2	K_L	Q_{max}	R^2	K_L	Q_{max}	R^2
5	0∶1 Al∶Fe	23292	0.1085	0.9991	1354	0.1034	0.9962	402	0.0397	0.9954
	1∶4 Al∶Fe	15592	0.1052	0.9952	887	0.0987	0.9992	237	0.0361	0.9971
	1∶1 Al∶Fe	6324	0.0842	0.9972	426	0.0821	0.9913	116	0.0264	0.9992
	1∶0 Al∶Fe	1325	0.0495	0.9973	76	0.0462	0.9982	22.3	0.0208	0.9924
8	0∶1 Al∶Fe	14286	0.0859	0.9986	784	0.0837	0.9957	197	0.0332	0.9982
	1∶4 Al∶Fe	9915	0.0843	0.9986	485	0.0821	0.9917	142	0.0293	0.9982
	1∶1 Al∶Fe	3324	0.0671	0.9982	172	0.0642	0.9982	53.2	0.0223	0.9943
	1∶0 Al∶Fe	892	0.0362	0.9962	47	0.0332	0.9983	12.7	0.0167	0.9994

铁铝氢氧化物，三种砷在 pH 为 5 时的吸附量明显地高于在 pH 为 8 时。在 pH 为 5 和 8 时，对于四种复合铁铝氢氧化物，三种砷的最大吸附量 Q_{max} 和吸附常数 K_L，以及同一初始浓度时的吸附量顺序均为：As(Ⅴ)＞MMAs(Ⅴ)＞DMAs(Ⅴ)。所以，甲基化程度对砷的吸附有重要的影响。

光谱学分析表明：As(Ⅴ)与铁氧化物表面主要是通过双齿键络合作用结合的（Manceau，1995；Sun and Doner，1996；Fendorf，1997）。尽管 As(Ⅴ)和 MMAs(Ⅴ)是不同的，但它们都有两个氧原子，这可使它们与铁氧化物表面产生络合作用。因此，MMAs(Ⅴ)也能像 As(Ⅴ)那样形成双齿键络合物。但是 MMAs(Ⅴ)中甲基的电性影响使 As(Ⅴ)与 MMAs(Ⅴ)的吸附量产生一些差别。

而 DMAs(Ⅴ)的吸附量明显减小的主要原因可能是 DMAs(Ⅴ)在铁氧化物表面的吸附机制可能不同于 As(Ⅴ)和 MMAs(Ⅴ)。增加的甲基官能团占据了砷化合物表面的一个活性点，而对其他两种砷［As(Ⅴ)和 MMAs(Ⅴ)］来说是没被占据的，所以这就导致了 DMAs(Ⅴ)的吸附能力较弱。同时，两个甲基的组成还可能影响了 DMAs(Ⅴ)的分子结构，缩小了 DMAs(Ⅴ)表面吸附点的空间协调性。

摩尔比为 1∶1 和 1∶0（Al∶Fe）的铁铝氢氧化物对三种砷吸附量较低的原因可能与较低浓度的三羟铝矿和三水铝矿表面的吸附点有关。因为在平面上的所有 OH^- 和晶体边缘一半的 OH^- 占满了 Al^{3+} 的两个平面结构，中和了电荷，不利于配合作用的发生，所以导致三羟铝矿和三水铝矿的活性降低（Huang et al.，2002）。

7.2　pH 对复合铁铝氢氧化物吸附砷的影响

pH 对三种砷在 Al∶Fe 摩尔比为 0∶1 时吸附的影响如图 7.2 所示。当 pH 为 3～7 时，其吸附量最大；当 pH＞7 时，吸附量逐渐减小。DMAs(Ⅴ)的吸附量明显低于 As(Ⅴ)和 MMAs(Ⅴ)，在所有 pH 范围内，DMAs(Ⅴ)都没有完全被吸附。当地 pH＞7 时，DMAs(Ⅴ)的吸附迅速减小。As(Ⅴ)的最大吸附量发生在 pH＜7 的范围内，这与以前的很多研究结果一致（Raven et al.，1998；Dixit and Hering，2003）。

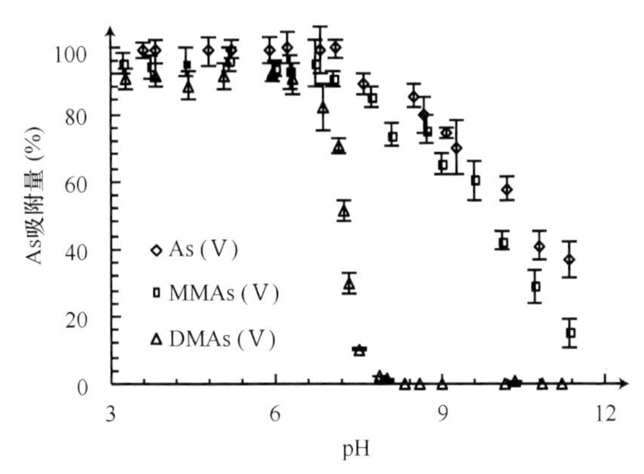

图 7.2　pH 对复合铁铝氢氧化物吸附砷的影响

当 pH＜7 时，As 的大量吸附可能是由与矿物表面的 OH_2 而不是 OH^- 发生配位交换作用引起的，因为 OH_2 比 OH^- 更利于从带有正电荷的矿物表面解吸。当 pH 为 7 时，As(Ⅴ)的解吸可能有一个中间过程，在这个过程中 H^+ 与 As 分离而与 Al∶Fe 矿物表面的 OH^- 形成 OH_2。在 pH＜7 时，DMAs(Ⅴ)和复合铁铝氢氧化物之间并不是静电吸附，而是专性吸附。所以，DMAs(Ⅴ)与 As(Ⅴ)和 MMAs(Ⅴ)之间可能存在不同的吸附机制。对 As(Ⅴ)的吸附机制主要是内表面单层吸附或通过双键桥接的外表面络合反应。这可能需用光谱学的手段进行进一步验证。

当 pH＞7 时，As 的吸附量减小，可能是由带负电荷的砷离子与铁铝氢氧化物表面的静电排斥引起；同时随着 pH 的增加，OH^- 与砷离子吸附的竞争作用是导致其吸附量减少的主要因素。另外，在 pH＞9 时，铁氧化物增强的溶解性导致了砷的解吸，也影响了砷的吸附量的减少（Lindsay，1979）。随着甲基的增多，其吸附量快速减小的原因可能是由甲基的供电子性能所致，甲基能使 Fe—O—As 键弱化，因此引起 DMAs(Ⅴ)在高 pH 时的吸附快速减小。所以，从上述分析可以看出，DMAs(Ⅴ)的多甲基特征是导致其吸附性能减弱的主要原因。

7.3　竞争离子对复合铁铝氢氧化物吸附态砷解吸的影响

磷酸根离子对三种砷 As(Ⅴ)、MMAs(Ⅴ)和 DMAs(Ⅴ)在 pH 为 3～12 的范围内的解吸如图 7.3 所示。结果表明：在整个 pH 范围内，随着 Al∶Fe 摩尔比的增大（Fe 含量的减小），三种砷的解吸量都越来越大；砷离子从铝氧化物表面比从铁氧化物表面更容易解吸。尽管在 Al∶Fe 摩尔比为 0∶1 和 1∶1 时在整个 pH 范围内都还吸附了一定数量的砷，但上述两种复合铁铝氢氧化物对三种砷的解吸趋势是相似的。其解吸量随甲基数量的增加而增加，呈下列顺序：As(Ⅴ)＜MMAs(Ⅴ)＜DMAs(Ⅴ)。在整个 pH 范围内，DMAs(Ⅴ)几乎完全解吸。对 As(Ⅴ)和 MMAs(Ⅴ)，当 pH 在最低和最高值时，其解吸量都达到最大。其最小解吸量在 pH 为 8.2～8.5；两种砷在 pH 为 5～8 时，其解吸量基本保持恒定且其解吸量较大。在强酸或强碱条件下，金属氧化物较大的溶解度（Xu et al.，1991）和加速的配位交换（Bowell，1994）可能是 As 解吸增强的主要原因。在 pH＜5 时，增强的磷酸根的吸附能力可能是导致 As(Ⅴ)和 MMAs(Ⅴ)解吸量变大的主要原因。砷的甲基化程度对其解吸有重要的影响。

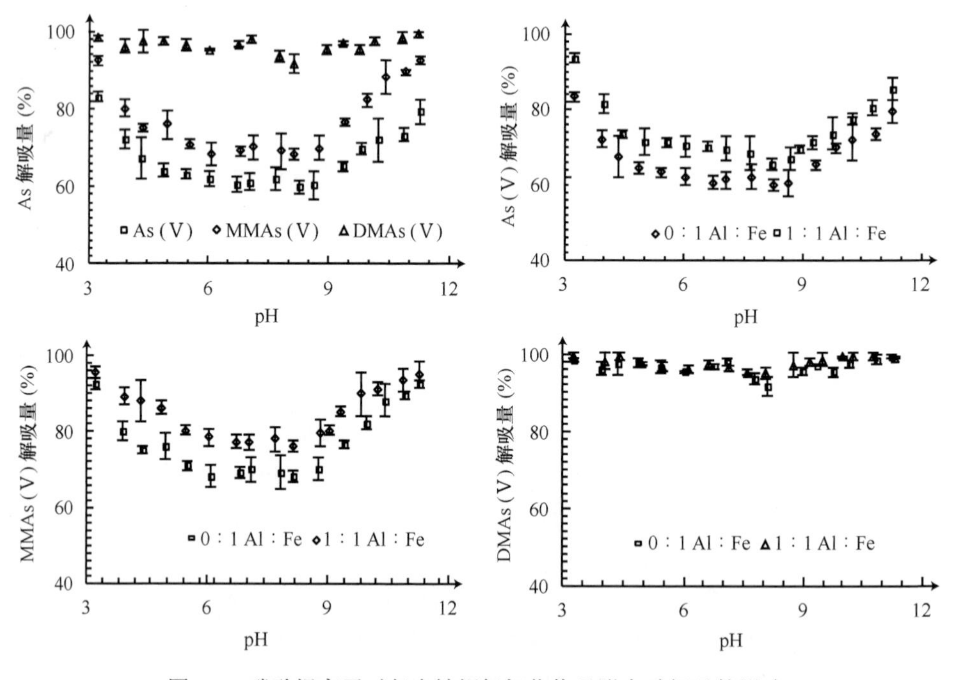

图 7.3　磷酸根离子对复合铁铝氢氧化物吸附态砷解吸的影响

7.4　共存离子对复合铁铝氢氧化物吸附砷的影响

不同离子强度下，钙离子与钠离子对砷吸附的影响结果如图 7.4 所示。结果表明：pH＞7 时，同一离子强度溶液中，其吸附量：As(Ⅴ)＞MMAs(Ⅴ)＞DMAs(Ⅴ)；pH＞7 时，不同离子强度的含钙溶液对三种砷的吸附影响较小，而不同离子强度的含钠溶液对三种砷的吸附都有一定的影响。在 pH 为 11 时，含 Ca^{2+}溶液中大约有 70%的 As(Ⅴ)被 0∶1 和 1∶4 Al∶Fe 氧化物吸附，而在此 pH，含 Na^{+}溶液中，As(Ⅴ)的吸附量可以忽略不计。在含 Ca^{2+}和 Na^{+}的所有离子强度溶液中，Al∶Fe（0∶1 和 1∶1)铁铝氢氧化物对 As(Ⅴ)的最大吸附量发生在 pH 为 3～7 的范围内；当 pH＞7 时，其吸附量逐渐减小。

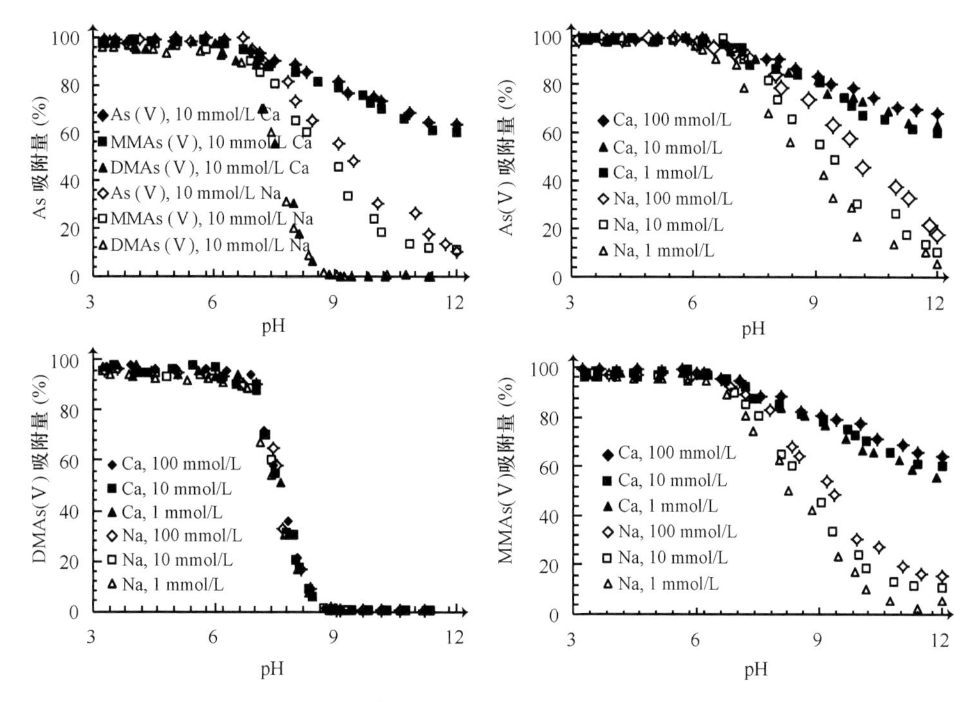

图 7.4　共存离子（Ca^{2+}和 Na^{+}）对复合铁铝氢氧化物吸附砷的影响

在含 Ca^{2+}的环境下，土壤和铁铝氢氧化物对砷的吸附量增强已经被报道过(Schwertmann and Cornell, 1991)。不同浓度 Ca^{2+}溶液对砷的吸附没有明显的影响；但是，随着 Na^{+}浓度的增高，三种砷的吸附有增高的趋势，这种现象可能是由 Na^{+}的双层扩散现象所致。pH＞7 时，由于 Na^{+}浓度的增高，可能导致电负性的氢氧化物表面和含砷离子之间的排斥作用减弱，从而使其吸附量增强。

当 pH＞7 时，含 Ca^{2+}溶液比含 Na^{+}溶液中的复合铁铝氢氧化物对砷的吸附作用增强，可能是由 Ca^{2+}更能导致阴离子间的排斥电势变弱所致。含 Ca^{2+}溶液中，随着砷离子与矿物表面距离的增大，其电势能减少得更快，所以可能导致电负性的氢氧化物表面与电负性的砷离子之间的电势排斥作用减弱，所以含 Ca^{2+}溶液中复合铁铝氢氧化物对砷的吸附能力增强（Cox and Ghosh，1994）。Ca^{2+}能使氢氧化物表面的电负性减弱得更快，所以导致其溶液中铁铝氢氧化物对砷的吸附比含

Na^+溶液的吸附能力更强（Dixit and Hering，2003）。另外，Ca^{2+}与砷离子之间的沉淀作用也可能是其吸附量增大的一个重要原因。在碱性条件下，Ca^{2+}更易于与砷产生沉淀（Dzombak and Morel，1990）。尽管Ca^{2+}与砷的沉淀作用能解释砷的强吸附作用，但在本研究中，这个过程可能不是影响砷吸附的一个重要作用。因为如果Ca^{2+}与砷产生沉淀作用，可能导致更多的砷被吸附，然而，这种现象并没有发生。随着 pH 的升高，砷的吸附逐步减少说明表面电荷的作用是控制砷吸附的一个重要因素（Dixit and Hering，2003）。pH＞7 时，Ca^{2+}能提高赤铁矿对磷酸根离子的吸附，在吸附过程中Ca^{2+}与磷酸根离子的沉淀作用也未被发现（Tlustos et al.，2002）。

7.5　微生物对复合铁铝氢氧化物吸附态砷的作用

铁铝氧化物对土壤和沉积物中砷的环境地球化学行为有重要的影响。很多研究已经证实，微生物对环境中砷的迁移转化行为也有重要的影响；在厌氧环境中，微生物是导致沉积环境中砷释放和转化的主要因素（Ahmann et al.，1994；Cummings et al.，1999；Zobrist et al.，2000）。很多研究认为微生物使沉积物中的铁发生还原反应，从而导致与铁共同作用的砷的行为发生改变。Stüben 等（2003）和 Islam 等（2004）研究了孟加拉地区地下水沉积物中铁氧化物和砷的转化规律和释放机制，结果表明：沉积物中铁发生溶解和还原的同时，周边水体中砷的浓度呈现明显的增长趋势。所以，研究者认为厌氧条件下，沉积物中铁的还原溶解是导致沉积物中砷释放的主要原因。目前，国内外有大量的研究阐述了厌氧微生物对地下水沉积物中砷与铁氧化物释放机制之间的相互作用（Brown et al.，1994；Ahmann et al.，1997；Grantham et al.，1997；Langner and Inskeep，2000；Zobrist et al.，2000；Tadanier et al.，2005）。但这些研究绝大多数局限于单一的含砷铁氧化物体系，而有关微生物对复合铁铝氢氧化物吸附态砷迁移转化的研究较少。因此，为了考察砷还原菌群对复合铁铝氢氧化物吸附态砷迁移转化的影响，更好地揭示自然界中砷的污染和迁移转化机制，设计了本实验。

7.5.1　微生物对复合铁铝氢氧化物吸附态砷的还原特征

本实验中，Al∶Fe 摩尔比为 0∶1、1∶1、1∶0 的三种复合铁铝氢氧化物吸附态砷［As(Ⅴ)］的初始浓度均为 15mg/L。实验结果如图 7.5 所示：微生物对于三组复合铁铝氢氧化物所吸附的 As(Ⅴ)有相同的还原趋势，但其还原程度是不同的，所有复合铁铝氢氧化物吸附态砷都未被全部还原（图 7.5）。在 20 天后，体系中 As(III)的浓度基本不变。

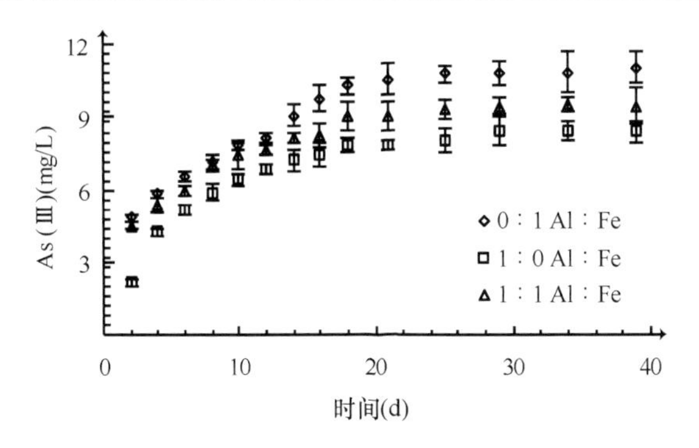

图 7.5　微生物对复合铁铝氢氧化物吸附态砷的还原趋势

从图 7.5 可以看出，随着复合铁铝氢氧化物体系中铁含量的增加，砷的还原程度增加。在接种微生物的三种不同摩尔比的复合铁铝氢氧化物体系中，氢氧化铝体系（Al∶Fe 摩尔比为 1∶0）中 As(III)的浓度最低，其还原程度最小，实验结束时约有 8.52 mg/L 的 As(Ⅴ)被还原成 As(III)；氢氧化铁体系（Al∶Fe 摩尔比为 0∶1）中 As(III)的浓度最高，所以其还原程度也是最大的，在实验结束时约有 11.0 mg/L As(Ⅴ)被还原成 As(III)；铁铝氢氧化物体系（Al∶Fe 摩尔比为 1∶1）中的砷的还原程度介于其他两个体系之间，实验结束时约为 9.78 mg/L 的 As(Ⅴ)被还原成 As(III)；而在对照组实验样品的溶液中未监测到 As(III)。所以，微生物的作用是导致复合铁铝氢氧化物吸附态砷释放的主要原因。

从实验结果可以看出，三种复合铁铝氢氧化物体系的吸附态的 As(Ⅴ)都没有被完全还原为 As(III)。从图 7.5 可以看出，随着溶液中铝含量的增多，As(Ⅴ)的还原数量和还原程度呈降低的趋势。由于在微生物作用过程中，铁能被微生物利用，而铝不能，这就导致了复合铁铝氢氧化物与砷形成的聚合物不稳定，使更多的砷暴露于聚合物外表面而被微生物还原。氢氧化铁的比表面积比氢氧化铝的要大（Raven et al.，1998；Goldberg and Johnston，2001；Giménez et al.，2007），所以更多暴露于外表面的吸附态砷被微生物还原。在含有铁的体系中，砷未被完全还原的可能原因为新制备的复合铁铝氢氧化物容易产生聚合反应，导致吸附于表面的 As(Ⅴ)被包埋在聚合物内部，并形成键能很强的表面络合物，所以限制了砷向周围的扩散和解吸（Zobrist et al.，2000）。解毒机制和呼吸代谢作用是微生物对砷进行还原的两种主要途径，参与这两种还原机制的霉主要存在于细胞的细胞膜和细胞质中（Lovley，1993；Sliver and Phung，2005），因此它们只能还原聚合物表面或处于溶解形式的 As(Ⅴ)。因此，对于复合铁铝氢氧化物吸附态砷是不能被完全还原的。

7.5.2 复合铁铝氢氧化物吸附态砷向溶液迁移的特征

如图 7.6 所示，三种复合铁铝氢氧化物体系中，溶解态砷的浓度表现出明显的不同。

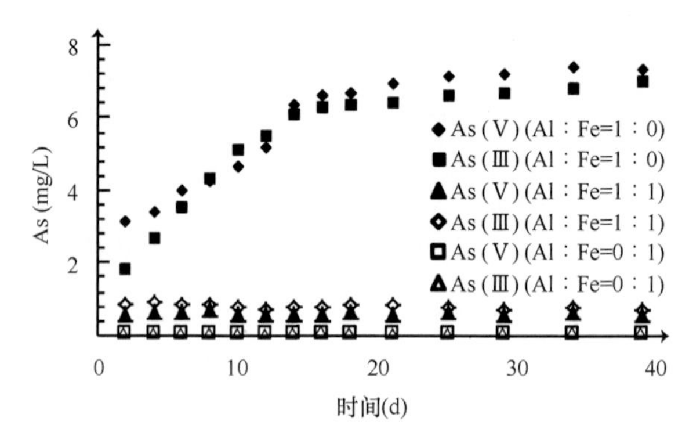

图 7.6 不同铁铝氢氧化物体系溶液中溶解态砷的浓度变化

在氢氧化铝体系中（Al∶Fe=1∶0），溶解态砷的浓度逐渐增大，对比前面的实验结果，可以看出生成的 As(III)几乎完全释放到水中，在实验结束时，溶液中溶解态的 As(III)浓度只比总的 As(III)浓度低约 1.5 mg/L。所以被细菌还原所得到的 8.52 mg/L 的 As(III)中只有 1.5 mg/L 被氢氧化铝吸附，其余的部分全部释放到溶液中，所以，该体系中在反应结束后被吸附的砷只占很小的部分。

在氢氧化铁体系中（Al∶Fe=0∶1），溶液中的溶解态砷[包括 As(III)和 As(Ⅴ)]浓度保持在 0.55～0.60 mg/L 范围内，结合前面的分析，可以看出该体系中还原得到的 As(III)几乎全部被铁的氢氧化物吸附。

在铁铝氢氧化物体系中（Al∶Fe=1∶1），溶解态砷的浓度维持在 1.20～1.55 mg/L，由图 7.6 可以看出，氢氧化铁含量的增加导致 As(III)的释放减少，而铝的存在促进了 As(III)释放的增加。

在未接种微生物的对照实验中，溶液中 As(Ⅴ)的浓度很低，而 As(III)未检出；铁铝氢氧化物体系中，溶液中砷的总浓度约为 20 μg/L；氢氧化铁体系中未检出；氢氧化铝体系中，溶解态砷的总浓度约为 65 μg/L。

因此，从本研究的实验结果可以看出微生物引起的 As(III)的释放是砷向环境中迁移的主要原因；通过未接种的对照实验可以看出，非生物因素导致的释放是非常低的。铁的存在导致微生物还原得到的 As(III)只有小部分向水中释放，绝大多数被重新吸附；氢氧化铝的存在能够加速微生物还原得到的 As(III)向水中释放。以前的研究证实铁氧化物与 As(III)同时形成内层和外层吸附，但在铝氧化物表面只形成外层吸附，所以 As(III)与铝的氧化物之间结合较弱，容易从矿物表面释放；

而铁和铝的氢氧化物与 As(Ⅴ)能够形成亲和力强的内层吸附（Raven et al.，1998；Goldberg and Johnston，2001；Smedley and Kinniburgh，2002）。本实验的结果表明当混合物体系中铝的含量增加时，As(Ⅲ)向溶液中的释放量明显增加，这可能是由铝的氧化物对 As(Ⅲ)弱吸附的缘故。还有研究也发现，单一的氢氧化铝体系中，As(Ⅲ)的吸附量非常低（Raven et al.，1998；Masue et al.，2007），这与本实验的结果一致。在含铁的复合铁铝氢氧化物体系的溶液中，由于铁氧化物对 As(Ⅲ)的较强的再吸附能力，导致溶液中 As(Ⅲ)的浓度很低。所以，以上的实验结果表明：非生物的物理化学反应和生物还原两方面的共同作用是导致土壤和沉积物环境中砷发生转化的重要原因。

7.5.3　铁的还原作用与砷转化的关系

铁的还原与砷的迁移之间的相互关系长期以来一直是争论的焦点（Horneman et al.，2004；van Geen et al.，2004；Pedersen et al.，2006）。地下水沉积物中铁的还原溶解导致了砷的转化和释放（Homeman et al.，2004；Islam et al.，2004；van Geen et al.，2004）。本实验对复合铁铝氢氧化物体系中铁的还原状况进行了研究，结果如图 7.7 所示，氢氧化铁体系和铁铝氢氧化物体系中 Fe(Ⅱ)浓度发生了明显的变化，10 天之后体系中还原得到的 Fe(Ⅱ)的浓度基本保持不变，对比图 7.5，可以看出体系中 Fe（Ⅲ）的还原要早于 As(Ⅴ)的还原，所以，在含铁的氢氧化物体系中铁的还原溶解极大地促进了砷的转化和释放。而从实验结果也可以看出，氢氧化铝体系中 As(Ⅴ)也被明显地还原为 As(Ⅲ)，由于铝是不能被微生物还原的，所以该体系中砷的还原主要是由微生物的还原所致。已有研究证实，在含有铁的体系中 As(Ⅴ)还原为 As(Ⅲ)的效率明显高于单纯的氢氧化铝体系的还原效率（Raven et al.，1998；Sliver and Phung，2005）。而在未接种的对照组中未检测到 Fe(Ⅱ)，因此可以证明无论是砷还是铁的还原都是由微生物作用所致；在有铁氧化物

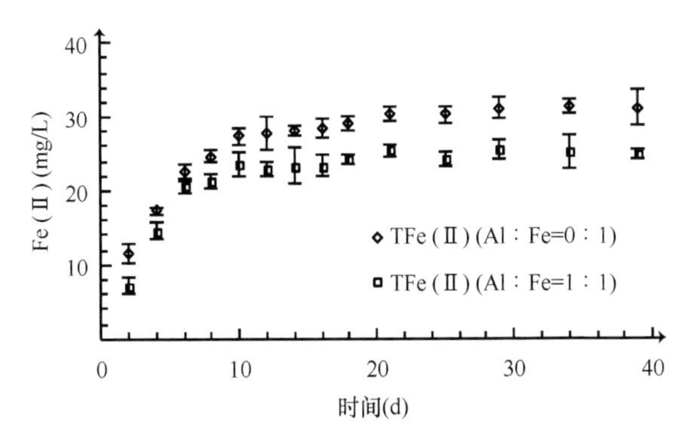

图 7.7　微生物对铁铝氢氧化物体系中铁的还原

存在的体系中，铁的还原溶解促进了砷的释放和还原转化。

7.6 小　　结

复合铁铝氢氧化物对 As(Ⅴ)、MMAs(Ⅴ)和 DMAs(Ⅴ)三种砷的吸附是不同的。随着 Al∶Fe 摩尔比的增大，三种砷的吸附量都有变小的趋势，此研究结果具有重要的环境学意义。例如，当土壤中铁的氢氧化物被大量的铝取代时，对土壤中砷的吸附量会受到很大的影响，随着 Al∶Fe 摩尔比的增大，土壤对砷的吸附都有减小的趋势。Ca^{2+}比 Na^{+}更有利于砷的去除。

另外，从实验结果可以看出：As(Ⅴ)和 MMAs(Ⅴ)的吸附机制与 DMAs(Ⅴ)的吸附机制是不同的。尽管 MMAs(Ⅴ)和矿物表面的结合键能比 As(Ⅴ)与矿物表面的结合键能弱得多，但 As(Ⅴ)和 MMAs(Ⅴ)的吸附机制是相似的。甲基化程度是影响其键能的主要因素，也是导致其吸附量有差别的主要原因。DMAs(Ⅴ)是通过专性吸附方式与矿物表面产生吸附作用的。As(Ⅴ)与 MMAs(Ⅴ)的吸附行为是相似的，但 MMAs(Ⅴ)与铁氧化物表面的键能要弱于 As(Ⅴ)与铁氧化物表面的键能（在高 pH 时尤为明显）。As(Ⅴ)与 MMAs(Ⅴ)键能的不同可能是由 MMAs(Ⅴ)中甲基的电性不同所导致的。

所以，砷的甲基化程度越高，其吸附能力越弱。在有利于 As 甲基化的土壤环境中，As 也越易迁移。例如，Turpeinen 等（1999）研究发现，土壤中增强的微生物活动能引起砷的甲基化，因此导致 DMAs(Ⅴ)比 As(Ⅴ)和 MMAs(Ⅴ)更易被植物吸收。

因此，在大量使用甲基砷农药的土壤中，砷较高的迁移性也就变得尤为重要。在土壤系统中，甲基砷的吸附对整个砷元素的迁移转化有重要的影响。甲基砷吸附的减弱可能会导致砷更易向地下水或地表水中迁移。在土壤处于还原性条件下，铁氧化物的还原作用，铁氧化物溶解度的提高和甲基砷吸附的增强的共同作用将极大地提高砷的迁移性。较高的砷迁移性也必将影响砷的生物可利用性。

微生物的影响实验结果表明：厌氧条件下，微生物的还原作用是导致砷向环境中释放的主要原因；微生物的加入极大地改变了复合铁铝氢氧化物与砷之间的相互作用机制，在氢氧化铁体系中，还原后的 As(Ⅲ)向外界环境的释放量较少，绝大多数被重新吸附；随着体系中铁含量的增加，还原得到的 As(Ⅲ)向周围环境的释放量减少；而随着体系中铝含量的增加，还原得到的 As(Ⅲ)向周围环境的释放量增加。所以，从本研究的实验结果可以看出，厌氧环境中，微生物的还原作用是导致砷向周围环境释放的主要原因；铁的存在能极大地促进微生物对砷的转化和还原释放。

第 8 章　辽河流域水体沉积物砷污染评价

8.1　沉积物砷污染评价富集

8.1.1　沉积物砷富集

以上地壳为参比介质，以 Al 和 Sc 为参比元素，采用下列公式计算了辽河流域水体沉积物 As 富集因子（EF）：

$$EF_{As\text{-}Al}=\left[(C_{As}/C_{Al})_{沉积物}\right]/\left[(C_{As}/C_{Al})_{上地壳}\right] \quad (8.1)$$

$$EF_{As\text{-}Sc}=\left[(C_{As}/C_{Sc})_{沉积物}\right]/\left[(C_{As}/C_{Sc})_{上地壳}\right] \quad (8.2)$$

式中，$(C_{As}/C_{Al})_{沉积物}$为辽河流域沉积物中 As 含量与 Al 含量比例，$(C_{As}/C_{Al})_{上地壳}$为上地壳中 As 含量与 Al 含量比例（Wedepohl，1995）。$(C_{As}/C_{Sc})_{沉积物}$为辽河流域沉积物中 As 含量与 Sc 含量比例，$(C_{As}/C_{Sc})_{上地壳}$为上地壳中 As 含量与 Sc 含量比例（Wedepohl，1995）。上地壳中 As、Al、Sc 的含量分别为 2.0 mg/kg、7.74%和 7.0 mg/kg。结果如表 8.1 和表 8.2 所示。

表 8.1　采用 Al 为参比元素的辽河流域沉积物 As 富集因子

		辽河流域水系	辽河水系	大辽河水系	大辽河河口
100.0%	最大值	47.70	6.25	47.70	10.06
99.5%		40.29	5.76	45.40	10.04
97.5%		13.91	4.48	36.20	9.95
90.0%		6.24	3.63	11.15	8.82
75.0%	四分位数	3.60	2.97	6.78	7.89
50.0%	中位数	2.76	2.59	4.38	6.49
25.0%	四分位数	1.92	1.96	1.91	4.73
10.0%		1.46	1.47	1.59	4.00
2.5%		0.82	0.81	0.96	3.60
0.5%		0.68	0.65	0.87	3.47
0.0%	最小值	0.58	0.58	0.85	3.44
	均值	4.00	2.59	7.03	6.38
	标准差	5.95	0.99	9.91	1.94
	变异系数（%）	148.83	38.09	141.00	30.34

表 8.2　采用 Sc 为参比元素的辽河流域沉积物 As 富集因子

		辽河流域水系	辽河水系	大辽河水系	大辽河河口
100.0%	最大值	39.77	5.82	39.77	11.78
99.5%		28.75	5.64	36.35	11.23
97.5%		5.78	4.89	22.67	9.00
90.0%		4.51	3.88	5.39	6.38
75.0%	四分位数	3.27	2.87	3.97	5.28
50.0%	中位数	2.44	2.40	3.05	4.51
25.0%	四分位数	1.85	1.89	1.33	4.07
10.0%		1.21	1.63	1.10	3.48
2.5%		0.86	0.87	0.87	3.02
0.5%		0.65	0.60	0.86	2.87
0.0%	最小值	0.49	0.49	0.86	2.83
	均值	3.16	2.56	4.43	4.87
	标准差	4.30	1.02	7.41	1.67
	变异系数（%）	136.26	39.87	167.18	34.28

采用 Al 为参比元素，辽河流域水系沉积物 As 富集因子范围为 0.58～47.70，中位值和平均值分别为 2.76 和 4.00;大辽河水系沉积物 As 富集因子范围为 0.85～47.70，中位值和平均值分别为 4.38 和 7.03；辽河水系沉积物 As 富集因子范围为 0.58～6.25，中位值和平均值分别为 2.59 和 2.59；大辽河河口沉积物 As 富集因子范围为 3.44～10.06，中位值和平均值分别为 6.49 和 6.38。大辽河水系沉积物和大辽河河口沉积物 As 富集因子显著高于辽河水系沉积物，而大辽河水系沉积物和大辽河河口沉积物 As 富集因子之间的差异不显著（图 8.1）。

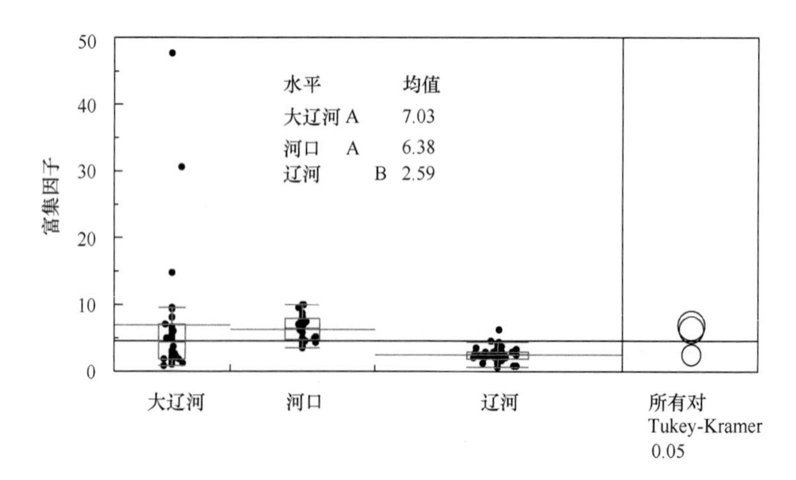

图 8.1　基于参比元素 Al 的辽河水系、大辽河水系及河口沉积物 As 富集因子差异

相同字母代表差异不显著，不同字母代表差异显著

采用 Sc 为参比元素，辽河流域水系沉积物 As 富集因子范围为 0.49～39.77，中位值和平均值分别为 2.44 和 3.16；大辽河水系沉积物 As 富集因子范围为 0.86～39.77，中位值和平均值分别为 3.05 和 4.43；辽河水系沉积物 As 富集因子范围为 0.49～5.82，中位值和平均值分别为 2.40 和 2.56；大辽河河口沉积物 As 富集因子范围为 2.83～11.78，中位值和平均值分别为 4.51 和 4.87。大辽河水系沉积物和大辽河河口沉积物 As 富集因子显著高于辽河水系沉积物，而大辽河水系沉积物和大辽河河口沉积物 As 富集因子之间的差异不显著（图 8.2）。

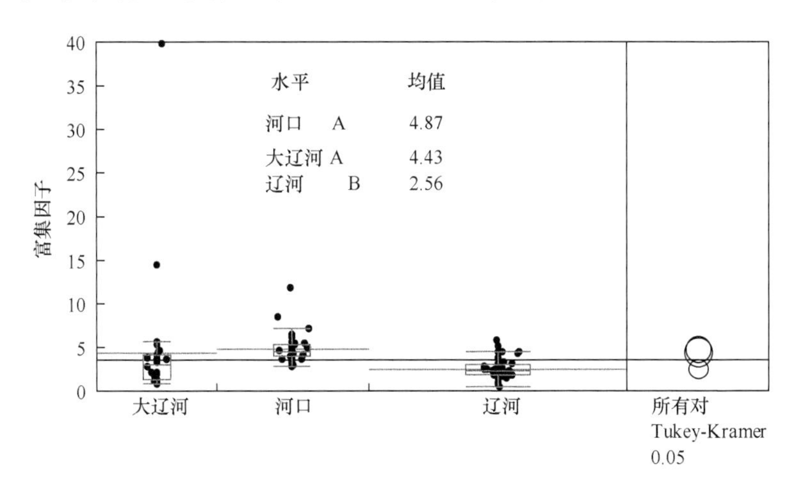

图 8.2 基于参比元素 Sc 的辽河水系、大辽河水系及河口沉积物 As 富集因子差异

相同字母代表差异不显著，不同字母代表差异显著

8.1.2 沉积物砷污染负荷指数

在用污染负荷指数法进行沉积物中砷的生态风险评价时，本研究采用的砷的地球化学背景值为 5 mg/kg（Martin and Whitfield，1983）。根据区域污染指数的计算结果：辽河水系 PLI_{zone} 小于 1，处于无污染水平；大辽河水系 PLI_{zone} 为 6.44，处于极强污染水平；大辽河河口 PLI_{zone} 为 10.43，处于极强污染水平；珠江广州河段：PLI_{zone} 为 4.82，处于极强污染水平；南四湖：PLI_{zone} 为 2.61，处于强污染水平。

8.1.3 沉积物砷地累积指数

本研究采用砷的地球化学背景值为 5 mg/kg（Martin and Whitfield，1983）。根据地累积指数法评价结果，辽河水系除 24、36 点位属于轻度污染外，其余各点地累积指数均小于 0，处于无污染水平；大辽河水系 61 点属于偏重度污染，75、82、87 点位属于偏中度污染，66、63、68、78、85、86、88 点位属于轻度污染，其余各点处于无污染水平；大辽河河口沉积物砷污染相对较严重，多数点处于轻度污染或偏中度污染水平；珠江广州河段除点 4、10 处于中度污染外，其余各点均处于偏中度污染水平；南四湖除点 6、9、10、11、12 处于偏中度污染外，其余各点均处于轻度污染水平。

8.2　沉积物砷污染生态风险评价

8.2.1　沉积物质量基准评价结果

沉积物质量基准指的是特定化学物质在沉积物中的实际允许数值，是底栖生物免受特定化学物质致害的保护性临界水平，是底栖生物剂量-效应关系的反映（陈静生和周家义，1992）。

生物效应数据库方法是目前国际上最被认可的用来制订沉积物质量基准的方法。生物效应浓度方法是以保护底栖动物为目标，以污染物的生物效应为依据而建立的（陈云增等，2006）。本研究采用 TEL（Smith et al.，1996）和 PEL（Smith et al.，1996）评价标准对上述各研究区域沉积物中砷的生态风险进行了评价。TEL 和 PEL 的值分别是 5.9 mg/kg 和 17 mg/kg（Smith et al.，1996）。当沉积物中砷浓度高于 PEL 时，表示沉积物会产生不良生物效应，会对水域环境造成危害；沉积物中砷浓度低于 TEL 时，表示沉积物不会产生不良的生物效应，一般不会对水体生态环境造成危害（Smith et al.，1996）。

采用 TEL 和 PEL 对辽河水系、大辽河水系、大辽河河口、珠江广州河段及南四湖等区域沉积物中砷的生态风险进行评价，TEL 和 PEL 的值分别是 5.9 mg/kg 和 17 mg/kg（Smith et al.，1996）。评价结果如图 8.3 所示。结果表明：辽河水系 60 个采样点沉积物中砷的含量全部低于 PEL，有 3 个点砷的含量高于 TEL 但低于 PEL，占总采样点数量的 5%；大辽河水系表层沉积物 28 个采样点中有 4 个点高于 PEL，15 个点砷的浓度值低于 TEL，9 个点高于 TEL 但低于 PEL，分别占总采样点数量的 14%、54%和 32%；大辽河河口 35 个采样点中有 5 个点的值高于 PEL，5 个点的值低于 TEL，25 个点高于 TEL 但低于 PEL；珠江广州河段 15 个采样点中只有一个点的砷含量在 TEL 和 PEL 之间，其他点的砷含量值高于 PEL；南四湖 20 个采样点中，2 个点的砷含量高于 PEL，其余点的砷含量均大于 TEL 小于 PEL。所以，以上五个研究区域沉积物砷污染都有可能发生潜在的生态风险，特别是珠江广州河段，表层沉积物砷污染的生态危害将经常发生；南四湖 90%的采样点有可能出现生态危害效应。所以，沉积物中的砷污染主要发生于城市及矿区附近接受工业生活污水排放较多的河段及支流。

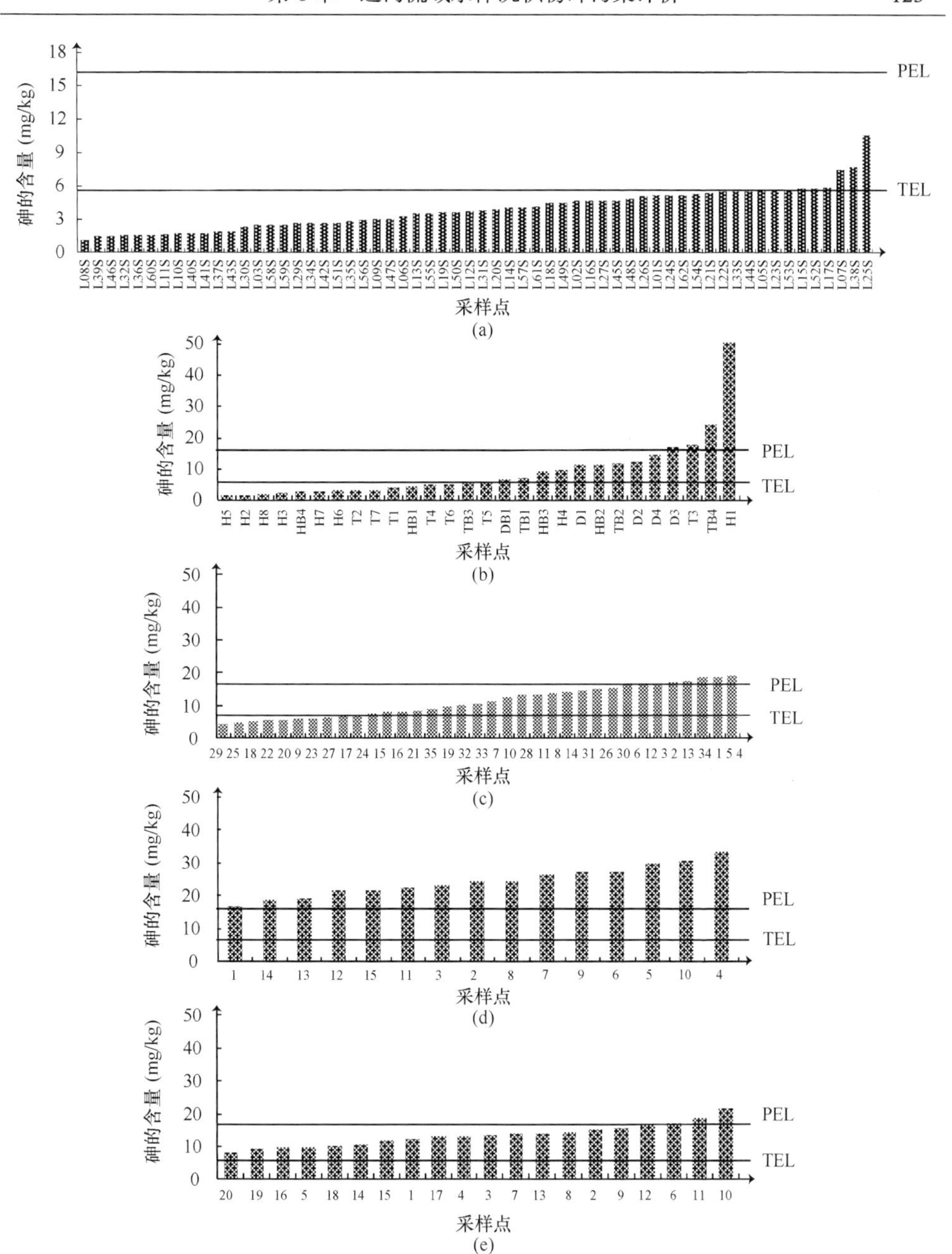

图 8.3　表层沉积物中砷含量及 TEL、PEL 的值

(a)辽河水系；(b)大辽河水系；(c)大辽河河口；(d)珠江广州河段；(e)南四湖

8.2.2　潜在生态风险评价

潜在生态危害系数（E_i）表示为：$E_i = T_r^i \times (C_i/C_{0i})$，$C_i$ 为重金属浓度实测浓

度；C_{0i}为计算所需要的参比值，一般采取全球工业化以前的沉积物重金属最高值或当地沉积物的背景值为参考值（Hakanson，1980）。本研究采用下列方法确定开展此项评价需要的参数。

背景值的确定：背景值的确定是潜在生态危害指数法评价的核心工作。目前很多研究者采用了各种不同的参考基准来进行污染评价，得出的污染风险评价结果没有可比性。众所周知，土壤和沉积物具有高度的空间异质性，采用同一参考基准对研究区域内的所有采样点进行生态风险评价本身也存在缺憾（林春野等，2007）。本研究采用 Sc、Ti、Al 为基准元素，重建辽河水系、大辽河水系以及大辽河河口的背景值，并以此背景值进行潜在生态风险评价。

本研究采用相对累积频率曲线法来剔除人为污染的样品（滕彦国和倪师军，2007）。对于累积频率-元素浓度的分布曲线可能存在两个拐点，值较低的点可能代表了元素浓度的上限（基线范围）；值较高的点可能代表异常的下限（人类活动影响的部分），而两者之间的数据可能与人类活动有关也可能无关。辽河流域水体沉积物中砷含量累积频率曲线如图 8.4 所示，根据累积频率曲线把受人类活动明显影响的点去除掉（折点以上数据）。

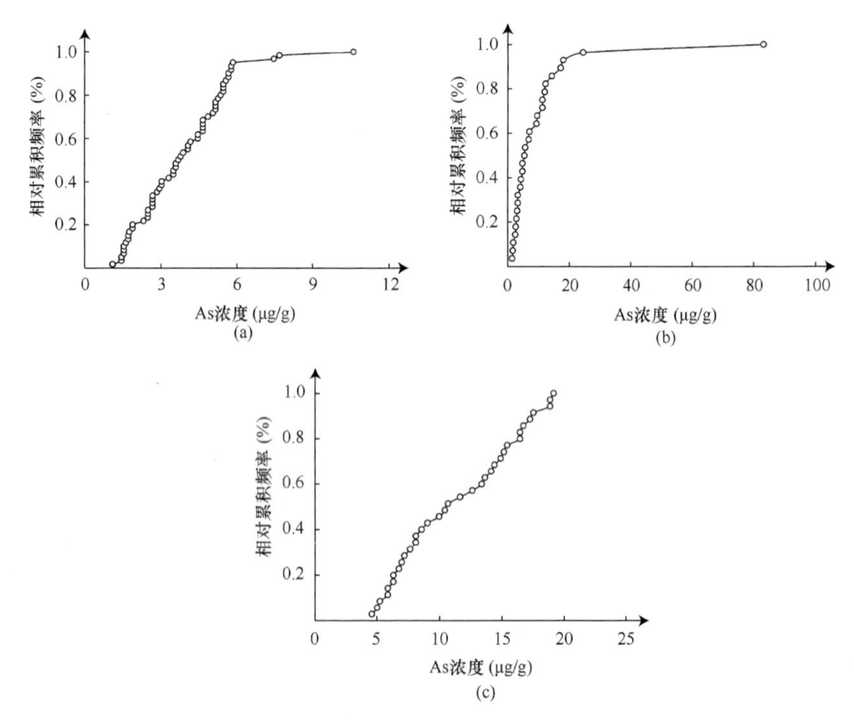

图 8.4　辽河流域水系

(a)辽河水系(b)大辽河水系(c)辽河河口沉积物砷含量的累积频率曲线

按照参考元素的选择标准，选取 A1、Ti、Sc 为候选的参考元素。为了确定合适的参考元素，采用标准化方法确定了大辽河水系沉积物各元素的背景值方程及相关系数（表 8.3）。综合分析 Ti、Sc 和 Al 与 As 元素的相关性，以及参考元素的分散程度，辽河水系和大辽河河口选取 Sc 元素作为标准化元素，大辽河水系选取 Ti 作为标准化元素。

表 8.3　沉积物元素的背景值方程及有关参数

	以 Sc 为参考元素		以 Ti 为参考元素		以 Al 为参考元素	
	背景值方程	相关系数	背景值方程	相关系数	背景值方程	相关系数
辽河水系	As=1.8309+0.3171Sc	0.594	As=1.7244+0.0007Ti	0.535	As=0.8470+0.481Al	0.506
大辽河水系	As=–2.6543+1.0929Sc	0.598	As=–0.5464+0.0026Ti	0.717	As=1.0021+0.4983Al	0.407
大辽河河口	As=1.9361+1.0892Sc	0.848	As=1.9547+0.003Ti	0.523	As=–11.409+3.3939Al	0.793

通过上述对辽河水系、大辽河水系及大辽河河口沉积物中砷背景值的重建，对上述水域沉积物中砷的潜在生态风险进行了评价。

参数的确定：重金属的毒性系数参照相关研究（陈静生和周家义，1992），砷的毒性系数为 10；参考值采用上述回归方法确定的背景值；而对于珠江广州河段采用广东省土壤元素背景值 8.9 mg/kg 作为砷的参考值（魏复盛等，1990）；南四湖采用黄河干流沉积物砷的平均含量 7.5 mg/kg 作为砷的背景值（赵一阳和鄢明才，1992）。潜在生态危害系数描述了某一污染物从低到高的 5 个变化等级，具体分级见表 8.4。

表 8.4　Hakanson 潜在生态风险评价标准

生态风险	轻微	中等	强	很强	极强
E_i	<40	40～80	80～160	160～320	>320

本研究所涉及的辽河水系、大辽河水系、大辽河河口、珠江广州河段及南四湖的潜在生态风险评价结果如表 8.5、表 8.6 所示。五个研究区域沉积物中砷的潜在生态危害系数结果表明：大辽河水系 61 点位潜在生态危害系数高于 160，具有很强的生态危害；83 点位高于 40，具有中等的生态危害；其余所有沉积物样品的潜在生态危害系数均小于 40，具有轻微的潜在生态风险。

表 8.5　辽河流域水体沉积物 As 污染潜在生态风险

辽河水系				大辽河水系				大辽河河口			
采样点	背景值	污染水平	生态风险	采样点	背景值	污染水平	生态风险	采样点	背景值	污染水平	生态风险
1	4.30	1.20	12.00	61	4.60	18.07	180.67	1	17.60	0.93	9.35
2	4.77	0.98	9.77	62	3.35	0.53	5.28	2	12.15	1.58	15.75
3	4.45	0.56	5.57	63	7.69	0.33	3.35	3	6.19	1.02	10.23
4	5.10	1.09	10.92	64	12.40	0.77	7.75	4	10.48	1.02	10.19
5	5.98	0.55	5.53	65	3.17	0.49	4.94	5	14.61	1.02	10.19

续表

辽河水系				大辽河水系				大辽河河口			
采样点	背景值	污染水平	生态风险	采样点	背景值	污染水平	生态风险	采样点	背景值	污染水平	生态风险
6	6.79	1.10	11.03	66	3.36	0.95	9.48	6	6.45	0.91	9.14
7	4.28	0.25	2.55	67	7.72	0.39	3.86	7	8.37	0.83	8.35
8	5.73	0.53	5.29	68	1.87	1.05	10.52	8	15.76	1.09	10.94
9	2.64	0.64	6.38	69	8.88	0.50	5.01	9	12.62	1.22	12.20
10	2.68	0.60	5.97	70	9.44	1.20	11.96	10	6.13	1.10	11.04
11	2.73	1.35	13.51	71	9.47	0.99	9.89	11	4.77	1.33	13.27
12	2.73	1.28	12.78	72	2.48	1.12	11.18	12	6.33	0.83	8.28
13	3.01	1.35	13.51	73	9.70	0.44	4.36	13	11.91	1.19	11.86
14	4.15	1.39	13.93	74	8.86	0.38	3.83	14	11.78	0.99	9.88
15	4.07	1.14	11.44	75	14.54	1.23	12.34	15	15.59	0.86	8.57
16	4.52	1.29	12.91	76	2.03	2.40	23.97	16	6.14	1.17	11.74
17	4.48	1.00	9.96	77	4.83	1.19	11.90	17	10.21	0.88	8.85
18	3.50	1.03	10.27	78	5.56	0.88	8.76	18	8.35	0.92	9.17
19	3.47	1.12	11.18	79	6.19	0.55	5.48	19	16.85	0.98	9.76
20	4.00	1.34	13.41	80	1.87	3.78	37.78	20	9.21	0.64	6.40
21	5.30	1.03	10.31	81	9.99	1.20	12.04	21	10.48	0.77	7.74
22	4.81	1.18	11.79	82	6.95	0.79	7.94	22	16.03	0.79	7.87
23	4.46	1.16	11.58	83	3.20	7.65	76.46	23	6.63	0.76	7.59
24	4.10	2.59	25.89	84	10.32	1.09	10.93	24	12.86	0.63	6.31
25	4.04	1.25	12.51	85	9.25	1.33	13.26	25	13.47	1.01	10.11
26	4.13	1.13	11.29	86	10.83	1.58	15.84	26	7.69	0.60	5.99
27	3.41	0.78	7.81	87	9.37	1.52	15.23	27	15.87	0.95	9.54
28	2.39	0.96	9.61	88	5.24	1.31	13.07	28	16.32	1.16	11.56
29	3.24	1.17	11.69					29	15.73	1.06	10.63
30	2.37	0.64	6.39					30	15.01	1.26	12.56
31	3.62	1.51	15.11					31	15.47	0.93	9.30
32	2.80	0.95	9.51					32	12.53	0.80	7.95
33	3.07	0.93	9.27					33	5.31	1.96	19.65
34	2.27	0.67	6.67					34	14.87	1.18	11.78
35	2.60	0.72	7.16					35	9.51	0.90	9.01
36	3.73	2.06	20.64								
37	2.45	0.58	5.83								
38	2.52	0.67	6.68								
39	2.57	0.67	6.71								
40	2.82	0.94	9.42								
41	2.76	0.67	6.73								
42	2.87	1.90	19.02								
43	3.19	1.46	14.62								
44	2.92	0.49	4.89								

续表

辽河水系				大辽河水系				大辽河河口			
采样点	背景值	污染水平	生态风险	采样点	背景值	污染水平	生态风险	采样点	背景值	污染水平	生态风险
45	3.41	0.89	8.89								
46	4.80	1.01	10.11								
47	3.83	1.16	11.65								
48	3.67	0.98	9.78								
49	3.40	0.78	7.83								
50	4.12	1.40	14.02								
51	3.82	1.48	14.83								
52	3.89	1.35	13.54								
53	3.27	1.07	10.68								
54	3.45	0.85	8.50								
55	3.94	1.03	10.34								
56	3.52	0.71	7.05								
57	3.41	0.73	7.26								
58	2.90	0.52	5.22								
59	3.82	1.09	10.91								
60	4.10	1.26	12.57								

注：污染水平＞1，表明存在污染；生态风险水平依据表 8.4 的标准划分。

表 8.6　珠江广州河段和南四湖水体沉积物 As 污染潜在生态风险

珠江广州河段			南四湖		
采样点	污染水平	生态风险	采样点	污染水平	生态风险
1	1.87	18.71	1	1.65	16.49
2	2.76	27.60	2	2.00	19.99
3	2.63	26.31	3	1.81	18.11
4	3.76	37.55	4	1.73	17.29
5	3.35	33.54	5	1.33	13.35
6	3.09	30.91	6	2.27	22.65
7	2.97	29.69	7	1.85	18.48
8	2.77	27.73	8	1.92	19.17
9	3.07	30.70	9	2.05	20.47
10	3.43	34.31	10	2.90	29.00
11	2.53	25.33	11	2.52	25.23
12	2.42	24.24	12	2.24	22.39
13	2.16	21.62	13	1.86	18.60
14	2.09	20.92	14	1.41	14.05
15	2.45	24.54	15	1.55	15.55
			16	1.33	13.29
			17	1.73	17.27
			18	1.37	13.69
			19	1.27	12.65
			20	1.10	11.03

8.2.3　沉积物中生物可给性砷的含量

生物可给性砷（bioavailiable As）的含量是预测沉积物和土壤中砷的生物有效性的重要参数（孙歆等，2006）。很多学者把非专性吸附态砷和专性吸附态砷看作是生物可给性砷的组成部分（Al-Rajhi et al.，1996；Tang et al.，2007；Banning et al.，2008）。因此，本研究采用非专性吸附态砷和专性吸附态砷的含量之和代表生物可给性砷的含量来系统评价沉积物中砷的生物可给性和砷在沉积物中的释放风险。本研究对大辽河水系表层沉积物、大辽河河口表层沉积物、珠江广州河段和南四湖表层沉积物中生物可给性砷含量的分析结果如表 8.7 和图 8.5 所示。

表 8.7　沉积物中生物可给性砷的含量

研究区域	大辽河水系	大辽河河口	珠江广州河段	南四湖
均值	2.01	2.45	2.20	1.81
标准差	3.22	1.44	0.58	0.58
变异系数（%）	160.20	58.76	26.62	32.34
最小值	0.27	0.51	0.99	0.99
最大值	17.70	4.85	3.03	3.03

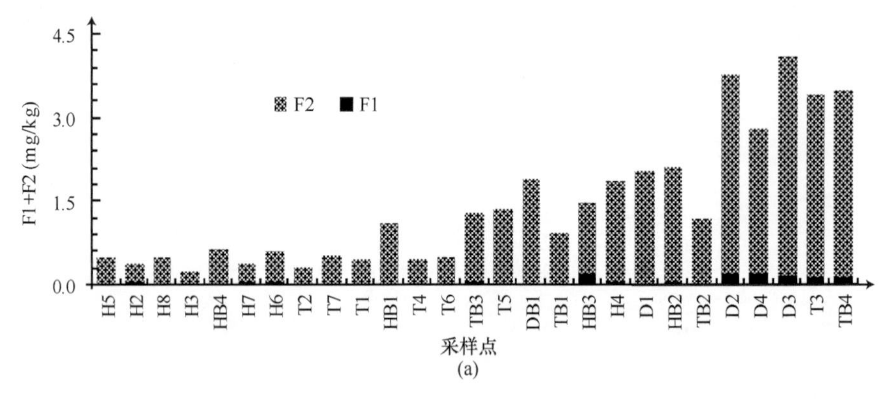

(a)

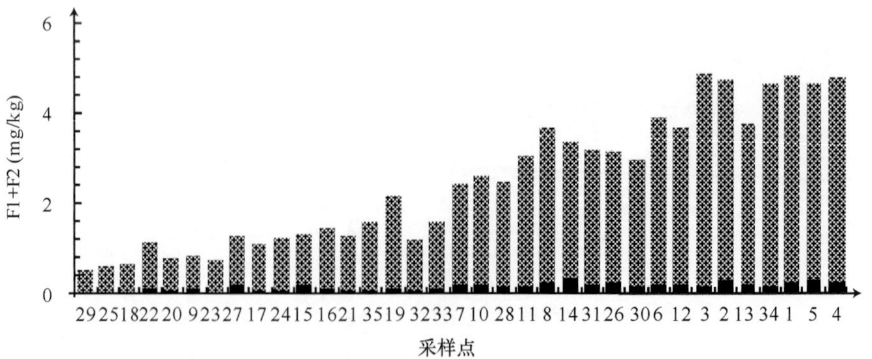

(b)

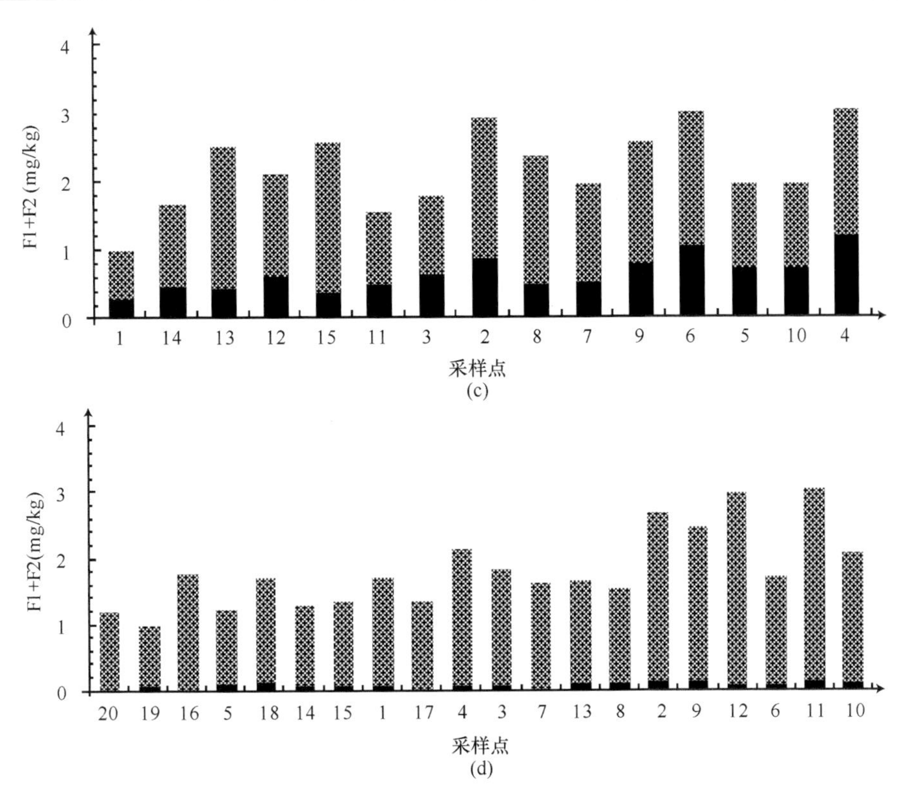

图 8.5　沉积物中生物可给性砷的含量

（a）大辽河水系；（b）大辽河河口；（c）珠江广州河段；（d）南四湖

本研究中，大辽河水系、大辽河河口、珠江广州河段及南四湖表层沉积物中，生物可给性砷的平均浓度分别为 2.01 mg/kg、2.45 mg/kg、2.20 mg/kg 和 1.81mg/kg，其变异系数分别为 160.20%、58.76%、26.62%和 32.34%。所以，在本研究涉及的四个研究区域中，大辽河水系表层沉积物各采样点生物可给性砷含量的空间变化较大。从图 8.5 可以看出，大辽河水系和河口表层沉积物中生物可给性砷的含量随总砷含量的增加呈明显的增长趋势，而珠江广州河段和南四湖表层沉积物的这种趋势不明显。

第 9 章　总结和展望

9.1　主要研究结论

本研究以大辽河水系及河口为研究区域，选取沉积物中的砷为研究对象，对沉积物中砷的含量、存在形态、污染特征和生态风险进行了系统的分析和评价，同时与典型河流湖泊沉积物中砷的分布与污染状况进行了对比，在此基础上对影响沉积物中砷迁移转化的重要环境过程和环境因素进行了系统的模拟。本研究旨在系统揭示地表水体沉积物中砷的环境地球化学行为，为地表水环境治理提供一定的污染背景数据及理论支持。本研究的主要结论如下：

（1）辽河流域水系沉积物 As 含量表现为非正态分布特征，辽河流域水系沉积物 As 含量范围为 1.09～83.09 mg/kg，平均值和中位值分别为 5.94 mg/kg 和 4.20 mg/kg，变异系数为 98%。33 个采样点位沉积物 As 含量超过世界沉积物 As 的平均含量 5 mg/kg，12 个采样点位沉积物 As 含量高于辽宁省砷的土壤环境背景值 8.8 mg/kg。

（2）大辽河河口沉积物 As 含量表现为非正态分布特征，As 含量范围为 4.61～19.13 mg/kg，平均值和中位值分别为 11.41 mg/kg 和 10.68 mg/kg，平均值 95%置信区间为 9.81～13.01 mg/kg。大辽河河口沉积物的 As 含量低于国家海洋沉积物标准中砷浓度限值（20 mg/kg），也低于 1978 年所监测的渤海湾沉积物中 As 含量平均值 15.3 mg/kg（范围为 10.0～20.9 mg/kg）。

（3）大辽河河口沉积物 As 平均含量显著高于大辽河水系和辽河水系沉积物 As 平均含量，前者 As 平均含量为 11.40 mg/kg，而后两者 As 平均含量分别为 3.62 mg/kg 和 3.55 mg/kg。这进一步表明，人为来源的 As 经大辽河水系输送到大辽河河口后，在河口水动力作用下，比较均匀地积累于河口区沉积物中，导致河口沉积物 As 含量整体升高。

（4）基于连续提取的形态分析结果表明，在砷的五种存在形态中，非晶质铁铝氧化物结合态砷是大辽河水系及河口沉积物中砷的主要存在形态。回归分析表明沉积物中黏土、有机质、铁和铝的含量与沉积物中总砷及各形态砷的含量之间的相关性显著。大辽河水系及河口沉积物中生物可给性砷的含量分别为 0.27～17.70 mg/kg 和 0.51～4.85 mg/kg，平均含量分别为 2.01 mg/kg 和 2.45 mg/kg，而且其含量随着沉积物中总砷浓度的升高而升高。潜在生态危害指数法的评价结果表明，大辽河水系及河口沉积物砷的生态风险低。生物效应浓度评价结果表明，大辽河水系 47%的沉积物会发生不利的生物效应；大辽河河口 71%的沉积物会发生不利的生物效应。

（5）通过对珠江广州河段和南四湖沉积物中砷的分布状况进行对比发现，虽然不同地表水体上覆水及沉积物的性质差别很大，但非晶质铁铝氧化物结合态砷在不同沉积物中占总砷的比例都是最高的，而且非晶质和晶质铁铝氧化物结合态砷的含量总和占总砷的比例都超过 50%。另外，非专性吸附态砷在不同沉积物中所占总砷的比例都很小；专性吸附态在不同沉积物中所占总砷的比例差别较大；在不同沉积物中残渣态砷所占总砷的比例差异最为明显；晶质铁铝氧化物结合态砷占总砷的比例差别不大。所以，非晶质铁铝氧化物结合态砷是沉积物中砷的主要存在形态，非晶质铁铝氧化物也是沉积物中影响砷分布和存在形态的重要物质。

（6）沉积物吸附实验结果表明：一级反应动力学方程和粒内扩散方程很好地模拟了沉积物对砷的吸附动力学过程，粒内扩散机制是沉积物吸附砷的重要过程，但不是控制吸附速率的唯一过程。在上覆水中砷浓度较低时，沉积物对砷的吸附量与水体中砷的浓度符合线性吸附等温式，且存在负吸附现象。在上覆水中砷浓度变化较大时，沉积物对砷的吸附量与水体中砷的浓度符合 Langmuir 吸附等温式。通过 $EAsC_0$ 与上覆水中砷的浓度对比表明，整个大辽河水系及河口沉积物中的砷都有向上覆水释放的趋势。在 pH 为 4.5～7 时，沉积物对砷的吸附量最大。Ca^{2+}比 Na^{+}更能促进沉积物对砷的吸附。在强酸和强碱条件下，磷酸盐会促进沉积物吸附态砷的解吸，在 pH 为 8.5 左右时，其解吸量最小。砷被沉积物吸附后，主要转化为专性吸附态和非晶质铁铝氧化物结合态。当向沉积物中添加有效碳源时，在有氧和厌氧条件下都能加速微生物对沉积物中砷的溶出，厌氧条件下砷的释放量明显高于有氧条件。

（7）不同的复合铁铝氢氧化物对 As(Ⅴ)、MMAs(Ⅴ)和 DMAs(Ⅴ)的吸附量是不同的，随着铁含量的减小，其吸附量都呈变小的趋势。As(Ⅴ)和 MMAs(Ⅴ)具有相似的吸附机制，但与 DMAs(Ⅴ)的吸附机制是不同的，所以，甲基化程度是影响其吸附能力大小的最主要因素；甲基化程度越高，其吸附能力越弱。在 pH 为 3～7 时，不同配比的复合铁铝氢氧化物对 As(Ⅴ)、MMAs(Ⅴ)和 DMAs(Ⅴ)的吸附量最大，均达到 95%以上。磷酸盐对不同配比的复合铁铝氢氧化物吸附态 As(Ⅴ)、MMAs(Ⅴ)和 DMAs(Ⅴ)的解吸明显，随着甲基数量的增加，其解吸量增大。Ca^{2+}比 Na^{+}更能促进复合铁铝氢氧化物对 As(Ⅴ)、MMAs(Ⅴ)和 DMAs(Ⅴ)的吸附。微生物对复合铁铝氢氧化物吸附态砷迁移转化的影响实验结果表明：微生物的还原作用是导致复合铁铝氢氧化物吸附态砷释放的最主要原因，在有铁氧化物存在的体系中，砷的还原释放效率明显提高。

（8）采用 Al 为参比元素，辽河流域水系沉积物 As 富集因子范围为 0.58～47.70，中位值和平均值分别为 2.76 和 4.00；大辽河水系沉积物 As 富集因子范围为 0.85～47.70，中位值和平均值分别为 4.38 和 7.03；辽河水系沉积物 As 富集因子范围为 0.58～6.25，中位值和平均值分别为 2.59 和 2.59；大辽河河口沉积物 As 富集因子范围为 3.44～10.06，中位值和平均值分别为 6.49 和 6.38。大辽河水系沉积物和大辽河河口沉积物 As 富集因子显著高于辽河水系沉积物，而大辽河水系沉积物和大辽河河口沉积物 As 富集因子之间的差异不显著。总体上，辽河流域水体沉积物砷具有轻微的潜在生态风险。

9.2 展　　望

（1）为了更详尽地了解大辽河水系及河口沉积物中砷污染物在水环境中的迁移转化及生态风险，有必要进一步采集不同时段的沉积物及生物样品，分析沉积物中的砷在时间和空间上迁移转化的规律及生态风险。

（2）生物地球化学循环是目前砷研究的热点问题。因此，有必要进一步开展砷的微生物作用机制方面的微观研究，此方面的研究将有利于从微观角度更好地揭示砷元素的迁移转化规律，更好地区分复杂体系中对砷迁移转化有重要影响的环境因素和过程。

（3）对于沉积物中有机质的表征可以更好地揭示砷与有机物在沉积环境中的相互作用关系。对沉积物微观结构的分析，将更有利于对砷在矿物表面的吸附或氧化还原机制进行研究。因此，未来研究中有必要采用更先进的微观分析手段确定固相砷形态及无机砷和有机砷与矿物表面的结合机制。

（4）沉积物是一个复杂的多相体系，因此室内模拟应该向复杂的多要素、多物质的多相系统方向发展，探索砷在多要素共存条件下的转化规律。

参 考 文 献

白乌云. 2008. 黄河内蒙古段水体悬浮物中汞的形态分布. 内蒙古大学学报(自然科学汉文版), 37(6): 805-811.

柴宁. 2006. 大辽河水系主要污染物特征分析. 环境保护科学, 32(3): 19-21.

常原飞, 贾振邦, 赵智杰, 等. 2002. 辽河COD变化规律及其原因探讨. 北京大学学报(自然科学版), 38(4): 535-542.

陈金民. 2005. 南海表层沉积物中总砷含量的分布特征. 台湾海峡, 24(1): 58-62.

陈静生. 1990. 环境地球化学. 北京: 海洋出版社.

陈静生, 周家义. 1992. 中国水环境重金属研究. 北京: 中国环境科学出版社.

陈云增, 杨浩, 张振克, 等. 2006. 水体沉积物环境质量基准建立方法研究进展. 地球科学进展, 21(1): 53-61.

陈正新, 王保军, 黄海燕, 等. 2006. 胶州湾底质痕量元素污染研究. 海洋与湖沼, 37(3): 280-288.

程永前, 蒋大和, 马红梅, 等. 2007. 常州市河流重金属污染评价. 环境保护科学, 33(2): 76-78.

迟海燕, 黎荣, 赵子良, 等. 2006. 大沽排污河沉积物中重金属的分布特征研究. 中国给水排水, 22(6): 102-105.

丁振华, 贾洪武, 刘彩娥, 等. 2006. 黄浦江沉积物重金属的污染及评价. 环境科学与技术, 29(2): 64-66.

杜秋根. 2004. 辽宁省可持续发展环境保护战略研究. 北京: 科学出版社.

冯慕华, 龙江平, 喻龙, 等. 2003. 辽东湾东部浅水区沉积物中重金属潜在生态评价.海洋科学, 3: 53-57.

付川, 潘杰, 牟新利, 等. 2007. 长江(万州段)沉积物中重金属污染生态风险评价.长江流域资源与环境, 16(2): 236-239.

郭永盛. 1990. 历史上山东湖泊的变迁. 海洋湖沼通报, 13(1): 15-22.

国家环境保护总局. 2004. 中国环境状况公报. 国家环境保护部.

贺心然, 付永硕, 柳然. 2007. 连云港市河流表层沉积物中重金属污染及潜在生态危害. 淮海工学院学报(自然科学版), 16(1): 47-50.

黄宏, 郁亚娟, 王晓栋, 等. 2004. 淮河沉积物中重金属污染及潜在生态危害评价.环境污染与防治, 26(3): 207-208, 231.

黄向青, 梁开, 刘雄. 2006. 珠江口表层沉积物有害重金属分布及评价.海洋湖沼通报, 31(3): 27-36.

霍文毅, 黄风茹, 陈静生, 等. 1997. 河流颗粒物重金属污染评价方法比较研究.地理科学, 17(1): 81-86.

贾玉霞, 鞠复华. 1999. 辽河水系水质污染特征分析. 中国环境监测, 15(2): 51-53.

贾振邦, 霍文毅, 赵智杰, 等. 2000. 应用次生相富集系数评价柴河沉积物重金属污染.北京大学学报(自然科学版), 36(6): 808-812.
贾振邦, 汪安, 吴平, 等. 1993. 用脸谱图对太子河本溪市区段河流沉积物中重金属污染进行评价的研究. 北京大学学报(自然科学版), 29(6): 736-743.
蒋岳文, 王永强, 尚龙生. 1991. 大连湾海水营养盐的含量及有机污染状况的分析. 海洋通报, 10(1): 100-103.
金银龙, 梁超轲, 何公理, 等. 2003. 中国地方性砷中毒分布调查(总报告). 卫生研究, 32(6): 519-540.
李莲芳, 曾希柏, 李国学, 等. 2007. 北京市温榆河沉积物的重金属污染风险评价. 环境科学学报, 27(2): 289-297.
廖先贵. 1985. 渤海湾底质中砷的地球化学特征. 海洋学报(中文版), 7(4): 453-459.
林春野, 何孟常, 李艳霞, 等. 2008. 松花江沉积物金属元素含量污染及地球化学特征. 环境科学, 29(8): 2123-2130.
林春野, 周豫湘, 呼丽娟, 等.2007. 松花江水体沉积物汞污染的生态风险.环境科学学报, 27(3): 466-473.
刘成, 王兆印, 黄文典, 等. 2007. 海河流域主要河口水沙污染现状分析. 水利学报, 38(8): 920-925.
刘恩峰, 沈吉, 杨丽原, 等. 2007. 南四湖及主要入湖河流表层沉积物重金属形态组成及污染研究. 环境科学, 28(6): 1377-1383.
刘桂建, 杨萍, 彭子成, 等. 2002. 兖州矿区煤中某些微量元素的赋存状态研究.地球化学, 31(1): 85-90.
刘娟, 孙茜, 莫春波, 等. 2008. 大辽河口及邻近海域的污染现状和特征. 水产科学, 27(6): 286-289.
刘文新, 栾兆坤, 汤鸿霄. 1999a. 河流沉积物重金属污染质量控制基准的研究Ⅱ. 相平衡分配方法(EqP).环境科学学报, 19(3): 230-235.
刘文新, 栾兆坤, 汤鸿霄. 1999b. 乐安江沉积物中金属污染的潜在生态风险评价. 生态学报, 19(2): 206-211.
马德毅, 王菊英. 2003. 中国主要河口沉积物污染及潜在生态风险评价. 中国环境科学, 23(5): 521-525.
马志玮. 2007. 水体沉积物中砷形态分析及其生物有效性研究. 上海: 同济大学硕士学位论文.
牛红义, 吴群河, 陈新庚. 2007. 珠江(广州河段)表层沉积物中重金属污染调查与评价. 环境监测管理与技术, 19(2): 23-25.
逄守杰, 金爱莲, 刘畅. 2003. 细河底泥污染特征分析. 环境保护科学, 29(115): 30-31.
彭景权, 肖唐付, 李航, 等. 2007. 黔西南滥木厂铊矿化区河流沉积物中重金属污染及其潜在生态危害. 地球与环境, 35(3): 247-254.
丘耀文, 朱良生. 2004. 海陵湾沉积物中重金属污染及其潜在生态危害. 海洋环境科学, 23(1): 22-24.
曲久辉. 2000. 我国水体复合污染与控制. 科学对社会的影响, (1): 36-40.
尚英男, 倪师军, 张成江, 等. 2005. 成都市河流表层沉积物重金属污染及潜在生态风险评价.

生态环境, 14(6): 827-829.

沈吉, 张恩楼, 张祖陆, 等. 2000. 山东南四湖成湖时代浅析. 湖泊科学, 12(1): 91-93.

孙歆, 韦朝阳, 王五一. 2006. 土壤中砷的形态分析和生物有效性研究进展. 地球科学进展, 21(6): 625-632.

台培东, 李培军, 孙铁珩, 等. 2003. 沈阳市排污明渠——细河 CH_4 的排放. 环境科学学报, 23(1): 138-141.

唐小惠, 郭华明, 刘菲. 2008. 富砷水环境中微生物及其环境效应的研究现状.水文地质工程地质, 35(3): 104-107.

滕彦国, 倪师军. 2007. 地球化学基线的理论与实践.北京: 化学工业出版社.

王胜强, 孙津生, 丁辉.2005. 海河沉积物重金属污染及潜在生态风险评价.环境工程, 23(2): 62-64.

王淑莹, 贾永锋, 王少锋, 等. 2009. 锦州湾及附近河口沉积物中砷含量、分布及形态. 生态学杂志, 28(5): 895-900.

王伟力, 耿安朝, 刘花台, 等. 2009. 九龙江口表层沉积物重金属分布及潜在生态风险评价. 海洋科学进展, (4): 502-508.

魏复盛, 陈静生, 吴燕玉, 等. 1990. 中国土壤元素背景值. 北京: 中国环境科学出版社.

徐争启, 倪师军, 庹先国, 等. 2008. 潜在生态危害指数法评价中重金属毒性系数计算. 环境科学与技术, 31(2): 112-115.

徐争启, 腾彦国, 庹先国, 等. 2007. 攀枝花市水系沉积物与土壤中重金属的地球化学特征比较. 生态环境, 16(3): 739-743.

闫哲. 2008. 桑沟湾养殖区和长江口海域砷的分布、季节变化及影响因素研究. 青岛: 中国海洋大学硕士学位论文.

杨维, 孙炳双, 周玉文. 2001. 辽河流域辽宁省水污染防治规划及治理措施. 给水排水, 27(9): 21-24.

张小林. 2001. 渤海海域海水、沉积物中铅、镉、汞、砷污染调查. 黑龙江环境通报, 25(3): 87-90.

张晓华, 肖邦定, 陈珠金, 等. 2002. 三峡库区香溪河中重金属元素的分布特征. 长江流域资源与环境, 11(3): 269-273.

张馨, 周涛发, 袁峰, 等. 2005. 铜陵矿区水系沉积物中重金属污染及潜在生态危害评价. 环境化学, 24(1): 106-107.

张秀梅, 梁涛, 耿元波. 2001. 河口、海湾沉积磷在全球变化区域响应研究中的意义. 地理科学进展, 20(2): 161-168.

张雪霞, 贾永锋, 潘蓉蓉, 等. 2009. 微生物作用引起的铁铝氢氧化物吸附砷的还原与释放机制研究. 环境科学, 30(3): 755-760.

张祖陆, 孙庆义, 彭利民, 等. 1999. 南四湖地区水环境问题探析. 湖泊科学, 11(1): 86-90.

赵一阳, 鄢明才. 1992. 黄河、长江、中国浅海沉积物化学元素丰度比较. 科学通报, 37(13): 1201-1204.

中国有色金属工业协会. 2006. 中国有色金属工业年鉴. 北京: 世界图书出版社.

钟硕良, 陈燕婷, 吴立峰. 2007. 砷在贝类养殖区表层沉积物及贝类体中的积累和分布. 热带海洋学报, 26(2): 74-80.

周代兴, 刘定南, 朱绍廉, 等. 1993. 高砷煤污染引起慢性砷中毒的调查. 中华预防医学杂志, 27(3): 147.

周秀艳, 王恩德, 朱恩静.2004. 辽东湾河口底泥中重金属的污染评价.环境化学, 23(3): 321-325.

朱兰保, 盛蒂, 周开胜, 等. 2007. 淮河安徽段沉积物中重金属污染及其潜在生态风险评价. 环境与健康杂志, 24(10): 784-786.

Ahmann D, Krumholz L R, Hemond H F, et al. 1997. Microbial mobilization of arsenic from sediments of the Aberjona Watershed. Environmental Science and Technology, 31: 2923-2930.

Ahmann D, Roberts A L, Krumholz L R, et al. 1994. Microbe grows by reducing arsenic. Nature, 371: 750.

Al-Rajhi M A, Seaward M R D, Al-Aamer A S. 1996. Metal levels in indoor and outdoor dust in Riyadh, Saudi Arabia. Environment International, 22: 315-324.

Anawar H M, Akai J, Komaki K, et al. 2003. Geochemical occurrence of arsenic in groundwater of Bangladesh: sources and mobilization processes. Journal of Geochemical Exploration, 77: 109–131.

Anderson M A, Ferguson J F, Gavis J. 1976. Arsenate adsorption on amorphous aluminum hydroxide. Journal of Colloid and Interface Science, 54: 391-399.

Anderson P R, Benjamin M M. 1990. Surface and bulk characteristics of binary oxide suspensions. Environmental Science and Technology, 24: 692-698.

Andreae M O. 1979. Arsenic speciation in seawater and interstitial waters: the influence of biological-chemical interactions on the chemistry of a trace element. Limnology and Oceanography, 24: 440-452.

Audry S, Schäfer J, Blanc G, et al. 2004. Anthropogenic components of heavy metal(Cd, Zn, Cu, Pb) budgets in the Lot-Garonne fluvial system(France). Applied Geochemistry, 19: 769-786.

Azcue J M, Nriagu J O. 1994. Arsenic historical perspectives//Nriagu J O. Arsenic in the Environment. Part 1: Cycling and Characterization. New York: Wiley: 1-16.

Babatunde A O, Zhao Y Q. 2010. Equilibrium and kinetic analysis of phosphorus adsorption from aqueous solution using waste alum sludge. Journal of Hazardous Materials, 184: 745-752.

Banning A, Coldewey W G, Gobel P. 2008. A procedure to identify natural arsenic sources, applied in an affected area in North Rhine-Westphalia, Germany. Environmental Geology, 55(4): 775-787.

Baur W H, Onishi H. 1969. Arsenic. Berlin: Springer-Verlag.

Belzile N, Tessier A. 1990. Interaction between arsenic and iron oxyhydroxides in lacustrine sediments. Geochimica et Cosmochimica Acta, 54(1): 103-109.

Bennett P C, Hiebert F K, Choi W J. 1996. Microbial colonization and weathering of silicates in a petroleum contaminated groundwater. Chemical Geology, 132: 45-53.

Berg M, Stengel C, Trang P T K, et al. 2007. Magnitude of arsenic pollution in the Mekong and Red River Deltas—Cambodia and Vietnam. Science of the Total Environment, 372: 413-425.

Bissen M, Frimmel F H. 2003. Arsenic —a review. Part I: occurrence, toxicity, speciation, mobility. Acta Hydrochimica et Hydrobiologica, 31: 9-18.

Blute N K, Jay J A, Swartz C H, et al. 2009. Aqueous and solid phase arsenic speciation in the sediments of a contaminated wetland and riverbed. Applied Geochemistry, 24(2): 346-358.

Bone S E, Gonneea M E, Charette M A. 2006. Geochemistry cycling of arsenic in a costal aquifer. Environmental Science and Technology, 40: 3273-3278.

Bowell R J. 1994. Sorption of arsenic by iron-oxides and oxyhydroxides in soils. Applied Geochemistry, 9: 279-286.

Bowen H J M. 1979. Environmental Chemistry of the Elements. London: Academic Press.

Boyle R W, Jonasson I R. 1973. The geochemistry of As and its use as an indicator element in geochemical prospecting. Journal of Geochemical Exploration, 2: 251-296.

Bradley L J N, Lemieux K B, Garcia M C, et al. 1998. Comparison of concentrations of selected metals and organics in fish tissue and sediment in the Grand River, Ohio, and the Southern Lake Erie Drainage Basin. Human and Ecological Risk Assessment: An International Journal, 4: 57-74.

Brown D A, Kamineni D C, Sawicki J A, et al. 1994. Minerals associated with biofilms occurring on exposed rock in a granitic underground research laboratory. Applied and Environmental Microbiology, 60: 3182-3191.

Canadian Council of Ministers of the Environment. 1995. Protocol for the Derivation of Canadian Sediment Quality Guidelines for the Protection of Aquatic Life. Winnipeg: Canadian Council of Ministers of the Environment.

Casas J M, Rosas H, Sole M, et al. 2003. Heavy metals and metalloids in sediments from the Lobregat basin, Spain. Environmental Geology, 44: 325-332.

Chakraborty S, Wolthers, Chatterjee D, et al. 2007. Adsorption of arsenite and arsenate onto muscovite and biotite mica. Journal of Colloid and Interface Science, 309: 392-401.

Chang S C, Jackson M L. 1957. Fractionation of soil phosphorus. Soil Science, 84: 133-144.

Chen Y N, Chai L Y, Shu Y D. 2008. Study of arsenic (Ⅴ) adsorption on bone char from aqueous solution. Journal of Hazardous Materials, 160: 168-172.

Cheung K C, Poon B H T, Lan C Y, et al. 2003. Assessment of metal and nutrient concentrations in river water and sediment collected from the cities in the Pearl River Delta, South China. Chemosphere, 52: 1431-1440.

Chilvers D C, Peterson P J. 1987. Global cycling of arsenic//Hutchinson T C, Meema K M. Lead, Mercury, Cadmium and Arsenic in the Environment. Chichester: John Wiley & Sons, Inc.

Chlopecka A, Bacon J R, Wilson M J, et al. 1996. Forms of cadmium, lead and zinc in contaminated soils from southwest Poland. Environmental Quality, 25: 69-79.

Corwin D L, David A, Goldberg S. 1999. Mobility of arsenic in soil from the Mountain Arsenal area. Journal of Contaminant Hydrology, 39: 35-58.

Cox C D, Ghosh M M. 1994. Surface complexation of methylated arsenates by hydrous oxides. Water Research, 28: 1181-1188.

Cullen W R, Reimer K J. 1989. Arsenic Speciation in the Environment. Chemical Reviews, 89(4): 713-764.

Cumbal L, Greenleaf J, Leun D, et al. 2003. Polymer supported inorganic nanoparticles characterization and environmental applications. Reactive and Functional Polymers, 54: 167-180.

Cummings D E, Caccavo Jr F, Fendorf S, et al. 1999. Arsenic mobilization by the dissimilatory Fe(III)-reducing bacterium *Shewanella alga* BrY. Environmental Science and Technology, 33:

723-729.

Daskalakis K D, O'Connor T P. 1995. Normalization and elemental sediment contamination in the coastal United States. Environmental Science and Technology, 29(2): 470-477.

Datta D K, Subramanian V. 1997. Texture and mineralogy of sediments from the Ganges-Brahmaputra-Meghna river system in the Bengal basin, Bangladesh and their environmental implications. Environmental Geology, 30: 181-188.

de Vitre R, Belzile N, Tessier A. 1991. Speciation and adsorption of arsenic on diagenetic iron oxyhydroxides. Limnology and Oceanography, 36: 1480-1485.

Devesa-Rey R, Paradelo R, Díaz-Fierros F, et al. 2008. Fractionation and bioavailability of arsenic in the bed sediments of the Anllóns River (NW Spain). Water, Air and Soil Pollution, 195(1-4): 189-199.

Dixit S, Hering J G. 2003. Comparison of arsenic (Ⅴ) and arsenic (Ⅲ) sorption onto iron oxide minerals: implications for arsenic mobility. Environmental Science and Technology, 37: 4182-4189.

Dzombak D A, Morel F M M. 1990. Surface Complexation Modeling: Hydrous Ferric Oxide. New York: John Wiley & Sons: 97-108.

Edwards M. 1994. Chemistry of arsenic removal during coagulation and Fe-Mn oxidation. Journal of the American Water Works Association, 86: 64-78.

Eick M J, Peak J D, Brady W D. 1999. The effect of oxyanions on the oxalate-promoted dissolution of goethite. Soil Science Society of America Journal, 63: 1133-1141.

Farkas A, Erratico C, Viganò L. 2007. Assessment of the environmental significance of heavy metal pollution in surficial sediments of the River Po. Chemosphere, 68: 761-768.

Fein J B, Brady P V, Jain J C, et al. 1999. Bacterial effects on the mobilization of cations from a weathered Pb-contaminated andesite. Chemical Geology, 158: 189-202.

Fein J B, Martin A M, Wightman P G. 2001. Metal adsorption onto bacterial surfaces: development of a predictive approach. Geochimica et Cosmochimica Acta, 65: 4267-273.

Fendorf S, Eiek M J, Grossl P, et al. 1997. Arsenate and chromate retention mechanisms on goethite. 1. Surface structure. Environmental Science and Technology, 31: 315-320.

Ferguson J F, Anderson M A. 1974. Chemical forms of arsenic in water supplies and their removal. Symposium on the Chemistry of Water Supply, Treatment and Distribution.

Ferraz E S B, Fernandes E A N, Oliveira H. 1996. Similarity between trace-element composition of river and seabed sediments in the Amazon system. Geo-Marine Letters, 16: 27-30.

Filgueiras A V, Lavilla I, Bendicho C. 2002. Chemical sequential extraction for metal partitioning in environmental solid samples. Journal of Environmental Monitoring, 4(6): 823-857.

Fleet M E, Mumin A H. 1997. Gold-bearing arsenian pyrite and marcasite and arsenopyrite from Carlin Trend gold deposits and laboratory synthesis. American Mineralogist, 82: 182-193.

Förstner U, Wittmann G T W. 1981. Metal Pollution in the Aquatic Environment. Berlin: Springer-Verlag: 163-168.

Garnaga G, Wyse E, Azemard S, et al. 2006. Arsenic in sediments from the southeastern Baltic Sea. Environmental Pollution, 144(3): 855-861.

Giménez J, Martínez M, Pablo J, et al. 2007. Arsenic sorption onto natural hematite, magnetite, and goethite. Journal of Hazard Materials, 141(3): 575-580.

Goh K H, Lim T T. 2004. Geochemistry of inorganic arsenic and selenium in a tropical soil: effect of reaction time, pH, and competitive anions on arsenic and selenium adsorption. Chemosphere, 55: 849-859.

Goh K H, Lim T T. 2005. Arsenic fractionation in a fine soil fraction and influence of various anions on its mobility in the subsurface environment. Applied Geochemistry, 20: 229-239.

Goldberg S, Johnston C T. 2001. Mechanisms of arsenic adsorption on amorphous oxides evaluated using macroscopic measurements, vibrational spectroscopy, and surface complexation modeling. Journal of Colloid and Interface Science, 234: 204-216.

Grabowski L A, Houpis J L J, Woods W I, et al. 2001. Seasonal bioavailability of sediment-associated heavy metals along the Mississippi river floodplain. Chemosphere, 45: 643-651.

Grantham M C, Dove P M, DiChristina T J. 1997. Microbially catalyzed dissolution of iron and aluminum oxyhydroxide mineral surface coatings. Geochimica et Cosmochimica Acta, 61: 4467-77.

Gulledge J H, Oconnor J T. 1973. Removal of arsenic (Ⅴ) from water by adsorption on aluminum and ferric hydroxides. American Water Works Association, 65: 548-552.

Hakanson L. 1980. An ecological risk index for aquatic pollution control: a sedimentological approach. Water Research, 14: 975-1001.

Hartley W, Edwards R, Lepp, N W. 2004. Arsenic and heavy metal mobility in iron oxide amended contaminated soils as evaluated by short- and long-term leaching test, Environmental Pollution, 131: 495–504.

Hering J G, Chen P Y, Wilkie J A, et al. 1997. Arsenic removal from drinking water during coagulation. Journal of Environmental Engineering, 123: 800-807.

Hilton J. 1985. A mathematical model for analysis of sediment coke data: implications for enrichment factor calculations and trace metal transport mechanisms. Chemical Geology, 48: 281-291.

Hisa T H, Lo S L, Lin C F, et al. 1994. Characterization of arsenate adsorption on hydrous iron oxide using chemical and physical methods. Colloids Surfaces A: Physicochemical and Engineering Aspects, 85: 1-7.

Horneman A, van Geen A, Kent D V, et al. 2004. Decoupling of As and Fe release to Bangladesh groundwater under reducing conditions. Part I: evidence from sediment profiles. Geochimica et Cosmochim Acta, 68: 3459-3473.

Huang P M, Wang M K, Kapmpf N, et al. 2002. Aluminum hydroxides. ChemInform, 34(19): 261-289.

Huang W W, Martin J M, Seyler P, et al. 1988. Distribution and behavior of arsenic in the Huang He (Yellow River) estuary and Bohai Sea. Marine Chemistry, 25: 75-91.

Hungate R E. 1969. Chapter Ⅳ: a roll rube method for cultivation of strict anaerobes. Methods in Microbiology, 3: 117-132.

Islam F S, Gault A G, Boothman C, et al.2004. Role of metal-reducing bacteria in arsenic release from Benga delta sediments. Nature, 430: 68-71.

Jain A, Raven K P, Loeppert R H. 1999. Arsenite and arsenate adsorption on ferrihydrite: surface charge reduction and net OH release stoichiometry. Environmental Science and Technology, 33: 1179-1184.

Jain C K, Singhal D C, Sharma M K. 2004. Adsorption of zinc on bed sediment of River Hindon:

adsorption models and kinetics. Journal of Hazardous Materials, B114: 231-239.

Jones M, Stauber J, Apte S, et al. 2005. A risk assessment approach to contaminants in Port Curtis, Queensland, Australia. Marine Pollution Bulletin, 51: 448-458.

Keon N E, Swartz C H, Brabander D J, et al. 2001. Validation of an arsenic sequential extraction method for evaluating mobility in sediments. Environmental Science and Technology, 35(13): 2778-2784.

Kocar B D, Herbel M J, Tufano K J, et al. 2006. Contrasting effects of dissimilatory iron (III) and arsenic (V) reduction on arsenic retention and transport. Environmental Science and Technology, 40: 6715-6721.

Koljonen T. 1992. The Geochemical atlas of Finland—Part 2: till. Espoo Finland: Geological Survey of Finland.

Kwon H M, Sangiorgi G, Ritman E L, et al. 1998. Enhanced coronary vasa vasorum neovascularization in experimental hypercholesterolemia. Journal of Clinical Investigation, 101(8): 1551-1556.

Langner H W, Inskeep W P. 2000. Microbial reduction of arsenate in the presence of ferrihydrite. Environmental Science and Technology, 34: 3131-3136.

Laverman A M, Blum J S, Schaefer J K, et al. 1995. Growth of strain SES-3 with arsenate and other diverse electron acceptors. Applied and Environmental Microbiology, 61: 3556-3561.

Lenoble V, Bouras O, Deluchat V, et al. 2002. Bollinger, Arsenic adsorption onto pillared clays and iron oxides. Journal of Colloid and Interface Science, 255(1): 52-58.

Lin T H, Huang Y L, Wang M Y. 1998. Arsenic species in drinking water, hair, fingernails, and urine of patients with blackfoot disease. Journal of Toxicology and Environmental Health, 53(2): 85-93.

Lindsay W L. 1979. Chemical Equilibria in Soils. New York: John Wiley & Sons.

Lombi E, Sletten R S, Wenzel W W. 2000. Sequentially extracted arsenic from different size fractions of contaminated soils. Water, Air and Soil Pollution, 123: 319-332.

Lovley D R, Stolz J F, Nord Jr G L, et al. 1987. Anaerobic production of magnetite by a dissimilatory iron-reducing microorganism. Nature, 330: 252-254.

Lovley D R. 1993. Dissimilatory metal reduction. Annual Review of Microbiology, 47: 263-290.

Lovley D R. 2001. Reduction of iron and humics in subsurface environments. New York: John Wiley & Sons.

Macdonald D D, Carr R S, Calder F D, et al. 1996. Development and evaluation of sediment quality guidelines for Florida coastal waters. Ecotoxicology, 5(4): 253-278.

Macdonald D D, Charlish B I, Uaines M L, et al. 1994. Development and evaluation of an approach to the assessment of sediment quality in Florida coastal waters: biological effects database for sediment. Tallahassee: FDEP(Florida Department of Environment Protection), 1-275.

Macy J M, Nunan K, Hagen K D, Dixon D R, Harbour P J, Cahill M, Sly L I, 1996. Chrysiogenes arsenatis, gen nov., sp. nov., a new arsenaterespiring bacterium isolated from gold mine wastewater. International Journal of Systematic Bacteriology, 46: 1153–1157.

Manceau A. 1995. The mechanism of anion adsorption on iron-oxides evidence for the bonding of arsenate tetrahedra on free $Fe(OH)_3$ edges. Geochimica et Cosmochimica Acta, 59: 3647-3653.

Mandal B K, Suzuki K T. 2002. Arsenic round the world: a review. Talanta, 58(1): 201-235.

Manning B A, Goldberg S. 1997a. Adsorption and stability of arsenite (III) at the clay mineral-water interface. Environmental Science and Technology, 31: 2005-2011.

Manning B A, Goldberg S. 1997b. Arsenic (III) and arsenic (V) adsorption on three California soils. Soil Science, 162: 886-895.

Martin J M, Meybeck M. 1979. Element mass-balance of material carried by major world rivers. Marine Chemistry, 7: 173-206.

Martin J M, Whitfield M. 1983. The significance of the river input of chemical elements to the ocean. New York: Plenum Press.

Masue Y, Loeppert R H, Kramer T A. 2007. Arsenate and arsenite adsorption and desorption behavior on coprecipitated aluminum/iron hydroxides. Environmental Science and Technology, 41: 837-842.

Matschullat J. 2000. Arsenic in the geosphere—a review. Science of the Total Environment, 249: 297-312.

McArthur J M, Banerjee D M, Hudson-Edwards K A, et al. 2004. Natural organic matter in sedimentary basins and its relation to arsenic in anoxic groundwater: the example of West Bengal and its worldwide implications. Applied Geochemistry, 19: 1255-1293.

McArthur J M, Ravenseroft P, Safullah S, et al. 2001. Arsenic in groundwater: testing pollution mechanisms for sedimentary aquifers in Banglades. Water Resource Research, 37: 109-117.

Mclaren S J, Kim N D. 1995. Evidence for a seasonal fluctuation of arsenic in New Zealand's longest river and the effect of treatment on concentrations in drinking water. Environmental Pollution, 90: 67-73.

Meng X G, Korfiatis G P, Jing C Y, et al. 2001. Redox transformations of arsenic and iron in water treatment sludge during aging and TCLP extraction. Environmental Science and Technology, 35: 3476-3481.

Meyer J, Schmidt A, Michalke K, Hensel R. 2007. Volatilisation of metals and metalloids by the microbial population of an alluvial soil. Systematic & Applied Microbiology, 30: 229–238.

Mok W M, Wai C M. 1994. Mobilization of arsenic in contaminated river waters. New York: John Wiley & Sons.

Morin G, Juillot F, Gasiot C, et al. 2003. Bacterial formation of tooeleite and mixed arsenic(III)or arsenic (V)-iron (III) gels in the Carnoules acid mine drainage, France. XANES, XED, and SEM study. Environmental Science and Technology, 37: 1705-1712.

Mott C J B. 1981. Anion and Ligand Exchange. Chichester: John Wiley & Sons.

Müller G. 1969. Index of geoaccumulation in sediments of the Rhine River. Geological Journal, 2: 108-118.

Namasivayam C, Sangeetha D. 2004. Equilibrium and kinetic studies of adsorption of phosphate onto $ZnCl_2$ activated coir pith carbon. Journal of Colloid Interface Science, 280(2): 359-365.

Neal C, Elderfield H, Chester R. 1979. Arsenic in sediments of the North Atlantic Ocean and the eastern Mesiterranean Sea. Marine Chemistry, 207-219.

Newman D K, Ahmann D, Morel F M M. 1998. A brief review of microbial arsenate respiration. Geomicrobiol Journal, 15: 255-268.

Newman D K, Kennedy E K, Coates J D, et al. 1997. Dissimilatory arsenate and sulfate reduction in *Desulfotomaculum auripigmentum* sp. nov. Archives of Microbiology, 168: 380-388.

Nickson R, McArthur J, Burgess W, et al. 1998. Arsenic poisoning of Bangladesh groundwater. Nature, 395: 338.

Nikolaidisa N P, Dobbs G M, Chen J, et al. 2004. Arsenic mobility in contaminated lake sediments. Environmental Pollution, 129(3): 479-487.

Nimick D A, Moore J N, Dalby C E, et al. 1998. The fate of geothermal arsenic in the Madison and Missouri Rivers, Montana and Wyoming. Water Resources Research, 34: 3051-1378.

Oremland R S, Blum J S, Culbertson C W, et al. 1994. Isolation, growth, and metabolism of an obligately anaerobic, selenate-respiring bacterium, strain SES-3. Applied Environmental Microbiology, 60: 3011-3019.

Oremland R S, Stolz J F. 2003. The ecology of arsenic. Science, 300: 939-44.

Ozacar M. 2003. Equilibrium and kinetic modelling of adsorption of phosphorus on calcined alunite. Adsorption, 9(2): 125-132.

Pal T, Mukherjee P K, Sengupta S. 2002. Nature of arsenic pollutants in groundwater of Bengal basin — a case study from Baruipur area, West Bengal, India. Current Science, 82(5): 554-561.

Pedersen H D, Postma D, Jakobsen R. 2006. Release of arsenic associated with the reduction and transformation of iron oxides. Geochimica et Cosmochimica Acta, 70: 4116-4129.

Pekey H. 2006. Heavy metal pollution assessment in sediments of the Izmit Bay, Turkey. Environmental Monitoring and Assessment, 123: 219-231.

Penrose W R. 1974. Arsenic in the marine and aquatic environments: Analysis, occurrence, and significance. CRC Critical Reviews in Environmental Control, 4: 465–482.

Pichler T, Veizer J, Hall G E M. 1999. Natural input of arsenic into a coral reef ecosystem by hydrothermal fluids and its removal by Fe (III) oxyhydroxides. Environmental Science and Technology, 33: 1373-1378.

Pierce M L, Moore C B. 1982. Adsorption of arsenite and arsenate on amorphous iron hydroxide. Water Research, 16: 1247-1253.

Pikaray S, Banerjee S, Mukherji S. 2005. Sorption of arsenic onto Vindhyan shales: role of pyrite and organic carbon. Current Science, 88: 1580-1585.

Popovic A, Djordjevic D, Polc P. 2001. Trace and major element pollution originating from coal ash suspension and transport processes. Environment International, 26: 251-255.

Prosun B, Mukherjee A B, Gunnar J, et al. 2002. Metal contamination at a wood preservation site: characterization and experimental studies on remediation. Science of the Total Environment, 290: 165-180.

Raven K P, Jain A, Loeppert R H. 1998. Arsenite and arsenate adsorption on ferrihydrite: kinetics, equilibrium, and adsorption envelopes. Environmental Science and Technology, 32: 344-349.

Redman A D, Maealady D, Anmann D. 2002. Natural organic matter affects arsenic speciation and sorption onto hematite. Environmental Science and Technology, 36: 2889-2896.

Rittle K A, Drever J, Colberg P J S. 1995. Precipitation of arsenic during bacterial sulfate reduction. Geomicrobiology Journal, 13: 1-11.

Robins R G, Singh P, Das R P. 2005. Coprecipitation of arsenic with Fe (III), Al (III) and mixtures of both in a chloride system. TMS Annual Meeting, 133-128.

Rosen B P, Silver S, Gladysheva T B, et al. 1994. The Arsenite Oxyanion-translocating ATPase: Bioenergetics, Functions, and Regulation. Washington D C.: ASM Press.

Saada A, Breeze D, Crouzet C, et al. 2003. Adsorption of arsenic (Ⅴ) on kaolinite and on kaolinite-humic acid complexes. Role of humic acid nitrogen groups. Chemosphere, 51: 757-763.

Sahabi D M, Takeda M, Suzuki I, et al. 2009. Adsorption and abiotic oxidation of arsenic by aged biofilter media: equilibrium and kinetics. Journal of Hazardous Materials, 168: 1310-1318.

Schiff K C, Weisberg S B. 1999. Iron as a reference element for determining trace metal enrichment in Southern California coastal shelf sediments. Marine Environmental Research, 48(2): 161-176.

Schwertmann U, Cornell R M. 1991. Iron Oxides in the Laboratory: Preparation and Characterization. New York: VCH Publisher.

Schwertmann U, Taylor R M. Iron Oxides. 1989. Madison: SSSA.

Scott M J, Brooks N H, Morgan J J. 1991. Kinetics of adsorption and redox processes on iron and manganese oxides: reactions of As (Ⅲ) and Se (Ⅳ) at goethite and birmessite surfaces. Ph. D. thesis, California Institute of Technology.

Shacklette H T, Boerngen J G, Keith J R. 1974. Selenium, fluorine and arsenic in surficial materials of the conterminous United States. Washington D C: US Government Printing Office.

Silver S, Phung L T. 2005. Genes and enzymes involved in bacterial oxidation and reduction of inorganic arsenic. Applied Environmental Microbiology, 71: 599-608.

Smedley P L, Kinniburgh D G. 2002. A review of the source, behavior and distribution of arsenic in natural waters. Applied Geochemistry, 17(5): 517-568.

Smith S L, MacDonald D D, Keenleyside K A, et al. 1996. A preliminary evaluation of sediment quality assessment values for freshwater ecosystems. Journal of Great Lakes Research, 22: 624-638.

State Environmental Protection Bureau. 1990. Soil Element Background Value in China. Beijing: China Environmental Science Press.

Stüben D, Berner Z, Chandrasekharam D, et al. 2003. Arsenic enrichment in groundwater of West Bengal, India: geochemical evidence for mobilization of As under reducing conditions. Applied Geochemistry, 18: 1417-1434.

Stumm W, Morgan J J. 1996. Aquatic Chemistry. 3rd. New York: Wiley.

Sullivan K A, Aller R C. 1996. Diagenetic cycling of arsenic in Amazon shelf sediments [J] . Geochim Cosmochim Acta, 60: 1465-1477.

Summer J K, Wade T L, Engle V D. 1996. Normalization of metal concentrations in estuarine sediments from the Gulf of Mexico. Estuaries and Coasts, 19(3): 581-594.

Sun X, Doner H E. 1996. An investigation of arsenite and arsenate bonding structures on goethite by FTIR. Soil Science, 161: 865-872.

Tadanier C J, Schreiber M E, Roller J W. 2005. Arsenic mobilization through microbially mediated deflocculation of ferrihydrite. Environmental Science and Technology, 39: 3061-3068.

Tang X Y, Zhu Y G, Shan X Q, et al. 2007. The ageing effect on bioaccessibility and fractionation of arsenic in soils from China. Chemosphere, 66: 1183-1190.

Teng Y, Ni S, Wang L, et al. 2009. Geochemical baseline of trace elements in the sediment in Dexing area, South China. Environmental Geology, 57(7): 1649-1660.

Tessier A, Campbell P G C, Bisson M, 1979. Sequential extraction procedure for the speciation of particulate trace metals. Analytical Chemistry, 51(7): 844-851.

Thanabalasingam P W, Pickering F. 1986. Arsenic sorption by humic acids. Environmental Pollution Series B, Chemical and Physical, 12: 233-246.

Tlustos P, Goessler W, Szakova J, et al. 2002. Arsenic compounds in leaves and roots of radish grown in soil treated by arsenite, arsenate, and dimethylarsinic acid. Applied Organometallic Chemistry, 16: 216-220.

Tokunaga S, Yokoyama S, Wasay S A. 1999. Removal of arsenic (III) and arsenic (V) ions from aqueous solutions with lanthanum (III) salt and comparison with aluminum (III), calcium (II), and iron (III) salts. Water Environmental Research, 71: 299-306.

Tomlison L, Wilson G, Harris R, et al. 1980. Problems in the assessments of heavy-metals levels in estuaries and formation of a pollution index. Helgol Meeresunters, 33: 566-575.

Turpeinen R, Haggblom M, Kairesalo T. 1999. Influence of microbes on the mobilization, toxicity and biomethylation of arsenic in soil. Science of the Total Environment, 236: 173-180.

UllmanW J, Kirchman D L, Welch S A, et al. 1996. Laboratory evidence for microbially mediated silicate mineral dissolution in nature. Chemical Geology, 132: 11-7.

Urrutia M M, Kemper M, Doyle R, et al. 1992. The membrane-induced proton motive force influences that metal binding ability of *Bacillus subtilis* cell walls. Applied and Environmental Microbiology, 58: 3837-44.

van Geen A, Rose J, Thoral S, et al. 2004. Decoupling of As and Fe release to Bangladesh groundwater under reducing conditions. Part II: evidence from sediment incubations. Geochimica et Cosmochimica Acta, 68: 3475-3486.

Vandevivere P, Welch S A, Ullman W J, et al. 1994. Enhanced dissolution of silicate minerals by bacteria at near-neutral Ph. Microbial Ecology, 27: 241-51.

Wang S L, Mulligan C N. 2006. Effect of natural organic matter on arsenic release from soil and sediments into groundwater. Environmental Geochemistry and Health, 28: 197-214.

Webb J S, Thornton I, Thompson M, et al. 1978. The Wolfson geochemical atlas of England and Wales. Mineralogical Magazine, 28(supplement s1): 398-402.

Weber W J, Morris J. 1963. Kinetics of adsorption on carbon from solution. Asce Sanitary Engineering Division Journal, 89: 31-60.

Wedepohl K H. 1995. The composition of the continental crust. Geochimica et Cosmochimica Acta, 59(7): 1217-1232.

Welch A H, Westjohn D B, Helsel D R, et al. 2000. Arsenic in ground water of the United States—occurrence and geochemistry. Groundwater, 38(4): 559-598.

Welch S A, Vandevivere P. 1994. Effect of microbial and other naturally occurring polymers on mineral dissolution. Geomicrobiology Journal, 12: 227-38.

Wen X H, Allen H E. 1999. Mobilization of heavy metals from Le An River sediment. Science of the Total Environment, 227: 101-108.

Wenzel W W, Kirchbaumer N, Prohaska T, et al. 2001. Arsenic fractionation in soils using an improved sequential extraction procedure. Analytica Chimica Acta, 436: 309-323.

Whalley C, Rowlatt S, Bennett M, et al. 1999. Total arsenic in sediments from the western North Sea and Humber Estuary. Marine Pollution Bulletin, 38(5): 394-400.

Wilkie J A, Hering J G. 1996. Adsorption of arsenic onto hydrous ferric oxide: effects of adsorbate/adsorbent ratios and cooccurring solutes. Colloids and Surfaces A, 107: 97-110.

Woolson E A, Axley J H, Kearney P C. 1973. The chemistry and phytotoxicity of arsenic in soils: Ⅱ. Effects of time and phosphorus. Soil Science Society of America, 37: 254-259.

Xu H, Allard B, Grimvall A. 1988. Influence of pH and organic substance on the adsorption of As(Ⅴ) on geologic materials. Water Air Soil Pollution, 40: 293-305.

Xu H, Allard B, Grimvall A. 1991. Effects of acidification and natural organic materials on the mobility of arsenic in the environment. Water Air Soil Pollution, 58: 269-278.

Yong R N, Mulligan C N. 2004. Natural Attenuation of Contaminants in Soil. Boca Raton: CRC Press.

Zhang C S, Zhang S, Zhang L C, et al. 1995. Background contents of heavy metals in sediments of the Changjiang River system and their calculation methods. Journal of Environmental Science, 7: 422-429.

Zheng J, Hintelman H, Dimovk B, et al. 2003. Speciation of arsenic in water, sediment, and plants of the Moria watershed, Canada, using HPLC coupled to high resolution ICP-MS. Analytical and Bioanalytical Chemistry, 377: 14-24.

Zheng N, Wang Q C, Liang Z Z, et al. 2008. Characterization of heavy metal concentrations in the sediments of three freshwater rivers in Huludao City, Northeast China. Environmental Pollution, 234: 1-8.

Zobrist J, Dowdle P R, Davis J A, et al. 2000. Mobilization of arsenite by dissimilatory reduction of adsorbed arsenate. Environmental Science and Technology, 34: 4747-4753.